冷知識王

世界其實很精采
生活就要這麼嗨！

目錄

怪奇物語 001

無奇不有

奇思妙想

包羅萬象 **153**

談天說地 187

怪奇物語

1. 人一直不睡覺的話會怎樣？

一個人如果一直不睡覺，
他的身體會出現什麼變化？

一般情況下，正常人一天不睡覺，
除了感覺疲憊以外，沒有太大的影響。

如果連續三天以上不睡覺，人會變得萎靡不振，
除了頭暈、想嘔吐、出現幻覺，
還會情緒暴躁、坐立不安、容易產生攻擊行為。

如果一個禮拜不睡覺，人的整個身體機能將完全紊亂，
甚至會導致某些器官出現類似"衰竭"的現象。
持續長期不睡覺，會徹底摧毀人的身體健康。

所以，就算有人能堅持長時間不睡覺，
身體很快也會吃不消，引發各種不適和疾病，最後危及生命。

想要身體健康，必須保持充足的睡眠喔！

更多冷知識

①人類最長不睡覺紀錄是 40 天，由美國洛杉磯市 28 歲攝影師泰勒·謝爾茲在 2010 年創下。不過金氏世界紀錄總部拒絕認可這種危險的破紀錄挑戰，所以該紀錄未被收錄。

②睡眠不充足容易讓人產生大於平日飲食量的饑餓感，導致吃得更多，增加肥胖風險。

2. 人體能承受的最高溫度是多少？

英國一位實驗生理學家勃萊登，
在 1775 年進行的自體實驗後提出：

在空氣絕對乾燥的情況下，健康的普通人最多可以在 120°C 氣溫中
停留 15 分鐘，過程中身體會感到很難受，
但體溫仍可維持在正常範圍內。
（在此溫度下，只需要 13 分鐘即可將牛肉烤熟。）

但是在空氣潮濕的環境中，汗液無法蒸發，
即使氣溫到了 50°C，人類也頂多只能忍耐十分鐘。

那麼，在空氣乾燥的環境中，
到底人體能忍受的最高空氣溫度是攝氏多少度呢？

勃萊登實驗的結果表明：
在裸體的情況下，人體能忍受的短暫空氣溫度極限為 210°C。

人體雖然能承受較高的空氣溫度，但體溫的升高情況則不一樣。
人體體溫若超過 42°C，中樞神經系統的功能會嚴重紊亂，
體內蛋白質可能變性、凝固，而引發生命危險。

所以
**體溫計的最高度數
只有 42°C**

更多冷知識

①1980 年，一位 52 歲的美國人威利．瓊斯因為中暑住進亞特蘭大的格拉迪紀念醫院。當時他的體溫所達到的最高紀錄為 46.5°C。

②體溫低於 36°C 時，人體血液循環不良，白血球不能正常工作，免疫力降低，容易出現黑眼圈，手腳冰涼等狀況。

3. 人體生理的"不合理"之處有哪些？

人類在演化過程中也產生了一些"不合理"的生理情況。

①直立行走後遺症

直立行走重新塑造了人類的脊椎與骨盆結構，
但是重塑並不完美，直立行走使得人類的脊椎承受過多的壓迫，
具體表現為人類容易患上腰椎間盤突出等脊椎疾病。

②大腦未進化完全

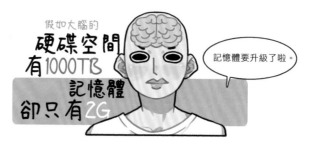

有種說法是，人腦的"硬碟"空間很大，"記憶體"卻很小。
意思是大腦能夠儲存很多記憶，
但是不能夠同時處理多種事情。

③混亂的嘔吐機制

嘔吐反應是人體的一種自我保護機制。
當消化系統有異常，或是發生食物中毒的情況，
身體會產生嘔吐反應，把胃裡的食物或異物排出。

發生食物中毒的時候，嘔吐確實有效，
不過，這個嘔吐機制也會出現"誤診"的情況，
例如暈車、暈船，或者當人感到緊張的時候，
也會莫名的觸發嘔吐反應。

看到奇怪的東西
也想要嘔吐

更多冷知識

①太陽穴是人類重要的穴位，它位於人類的眼角後方，這是顱骨中最薄、最脆弱的位置。

②即使女性的骨盆已經比較大，但是對於嬰兒的頭顱來說還是不夠寬，所以女性生孩子的過程非常痛苦、艱辛。這也是人體的"不合理"之處。

4. 兔子會吃自己的"便便"？

兔子的糞便有兩種，一種是硬便便，一種是軟便便。
兔子會吃軟便便，這是正常的行為。

兔子吃的草料，在夜間會以柔軟的"便便"形式排出。
這些軟便與一般圓形的硬質糞便不同，
由成串的小褐色糞球構成，看起來像一串葡萄。

"葡萄"軟便便是兔子吃了大量鮮嫩草料後出現的營養過剩信號。
"葡萄"內含半消化狀態的各種營養物質和礦物元素，
為了不浪費，兔子會吃掉它們再重新吸收，
到第二天才會排出硬質糞便。

兔子吞食軟便，
其實是一種充分利用營養物質的反芻現象。

不過人工飼養的家兔，飼料充足，營養豐富，
通常不會出現吃"葡萄"的情況。

兔子的乾糞便是一種中藥，名叫望月砂，
主治大小便秘，還具有明目、解毒和滅蟲的作用。

更多冷知識

①有時候兔子會在地上翻滾和翻白眼，整隻兔側躺在地上像伸懶腰一樣。不要以為牠在撒嬌，其實牠是在幫自己散熱降溫。

②抓兔子的耳朵會傷害到兔子，牠們會因為覺得疼痛、緊張而變得憤怒。兔子的耳朵富含血管和神經，而且都是軟骨，並不能承受自身的重量。

5. 貓咪之間是怎麼溝通的？

貓咪發出"喵喵"叫聲實際上是為了引起主人的注意，
對於同類，牠們很少用"喵喵"叫聲來交流，
基本上是以人類聽不見的形式交流。

①肢體動作

> 別說話，

> 摸我。

貓咪之間的溝通可以透過十分細微的肢體動作來進行，
因為太細微了，所以人類根本無法察覺。

眼神
猛虎凝視

坐姿
猛虎休憩

尾巴
猛虎擺尾

貓咪的眼神、坐姿和搖動尾巴的方式，
都可以清楚地將自己的想法和意圖告訴其他貓咪。

② 身體接觸

貓咪和人類一樣，彼此關係好的會有更多身體接觸，
比如互相磨蹭、擠在一起曬太陽，或者用尾巴觸碰對方的身體。

③ 舔毛

貓咪會幫另一隻貓咪舔毛，這可能是為了表明自己的主導地位。
因為在貓咪的"階級"世界裡，
只有處在更高地位的貓咪才能幫其他貓咪舔毛。

被我舔了，
就得當我的手下

更多冷知識

①我們通常會認為貓咪只會在領地裡用氣味標記地盤，實際上牠們也會給親密的小夥伴標記上自己的氣味，比如用臉頰蹭對方就是一種留下氣味的方式。

②貓咪也有利用叫聲跟同類溝通的情況。不同叫聲、叫聲的大小以及音調，都可以充分表達貓咪的情緒。最常見的是兩隻貓咪在發生肢體衝突之前都會用很凶的叫聲警告對方。

6. 最接近狼的狗竟然不是哈士奇

哈士奇的長相與狼非常相似,在許多電影裡也經常用哈士奇扮演狼,因此很多人以為,哈士奇應該是最接近狼的狗吧?

為了弄清楚這個問題,日本的科學家將 85 種狗的基因進行比較,對比結果顯示,基因相似度最接近狼的狗既不是哈士奇,也不是狼犬,而是——

柴犬!

我們説的"柴狼",

就是這個意思哦。
(才不是!)

*並沒有『柴狼』,是豺狼才對。

柴犬才是最接近狼的狗!

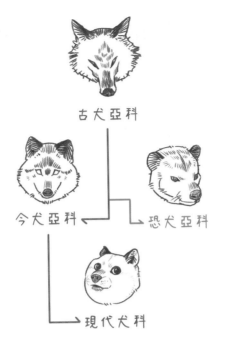

柴犬和狼的基因相似度最高，
說明柴犬在很早以前已經從某種狼群裡分化出來，
成為"狗"了。

回家去！

不要！

柴犬是一種很古老的犬種，
牠們生性固執、機警、獨立，對主人的服從度一般來說不高，
也許是因為基因裡還殘留著狼性吧！

更多冷知識

①樣子蠢萌的柴犬雖然是小型犬，但是牠們的攻擊性很強，是貨真價實的狩獵犬。

②從世界犬種智商排名來看，柴犬的排名並沒有很前面，位於第 79 位。而看似"憨憨"的哈士奇則排名第 45 位。

7. 耳廓狐是世界上體型最小的狐狸

耳廓狐也叫非洲小狐，是世界上體型最小的狐狸，
主要分佈在北非的撒哈拉沙漠和阿拉伯的部分地區。

牠們最為顯眼的特徵是擁有一雙特別大的招風耳。
耳廓狐一般身高 20 公分，體長 40 公分（算上尾巴則再加 25 公分），
而大耳朵就有 15 公分長。

耳廓狐是透過巨大的耳朵來散發身體熱量的，
同時也透過這雙大耳朵捕獲獵物發出的微弱聲響。

耳廓狐通常獵食小型動物，
像沙鼠、蜥蜴，以及部分昆蟲。

為了補充所需水分，
牠們也會挖掘、進食沙漠植物的根部。

有時候，還會捕獵比自己體型還要大的兔子。

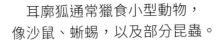

更多冷知識

①耳廓狐生活在沙漠地區，白天躲避酷暑待在地下洞穴。牠們的洞穴一般會有好幾個出口，而且在出口的四周也會有偽裝。

②耳廓狐是 2013 年 CNN（美國有線電視新聞網）評選的世界最可愛物種排行榜上的第一名。

8.龍貓的特技——緊急脫毛

被稱為龍貓的這種"貓"，
其實就是毛絲鼠，又名栗鼠、絨鼠。

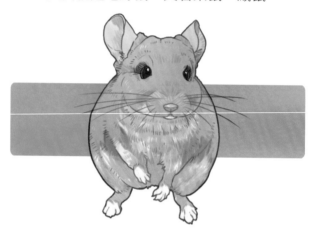

顧名思義，絨毛絲鼠的皮毛如絲般光滑，還很濃密。
每個毛孔裡長著 60~80 根毛，可有效抵禦跳蚤之類的寄生蟲，
因此寄生蟲難以接觸到牠的皮膚。

好
吃
！

好
吃
！

除了人類的捕獵之外，
野生龍貓的天敵還有蛇、臭鼬，貓科動物。

不過牠們有一項自我防衛的特殊技能——

緊急脱毛術

龍貓被咬住時能進行緊急脱毛，
從天敵的嘴裡逃脫。

竟然説我胖，

嗚嗚嗚嗚嗚。

如果家裡養的龍貓突然大量脱毛，
一定是因為牠受了驚嚇或者非常不開心，這時候就需要特別關心牠們。

壓力大也會脱毛

更多冷知識

①龍貓的孕期特別長，有 111 天，所以小龍貓一出生就可以睜眼睛，而且身上已經長有毛髮了。

②別看龍貓看起來胖嘟嘟的，野生龍貓非常擅長跳躍，最高能跳 1.8 公尺呢！

9. 大貓熊每天要排便40多次

大貓熊在正常情況下，
一天內排便次數可多達 40 多次。

大貓熊的食物來源主要是竹子。
一隻體重 100 公斤的成年大貓熊，
每天要花 12~16 小時來吃掉 10~18 公斤的竹葉和竹竿。

同時，為了維持新陳代謝平衡，
大貓熊每天也會透過多次排便來排出超過 10 公斤的糞便。

最喜歡吃竹筍

之所以這樣，是因為大貓熊的消化道比較短，
食物無法在消化道停留較長的時間，能被吸收的營養較少，
而且竹子富含纖維，非常難被消化和吸收。

大貓熊為了獲得足夠的營養，
唯一的辦法就是不停地吃，不停地拉。

懶懶的，吃了拉，拉了吃。

更多冷知識

①大貓熊究竟有多懶？牠們每天有大半天時間都是躺著的。就算是在活動的狀態，每小時也就走動 20 公尺而已。

②雌性大貓熊每年的最佳受孕時間只有一兩天。若是不能把握這一兩天的受孕機會，想要懷上大貓熊寶寶就得再等一年。

10. 浣熊會在進食前先用水清洗食物

浣熊之所以被叫作"浣熊",是由於牠們的一個特殊習慣:

喜歡把食物放在水裡洗一洗

"浣"就是"洗"的意思,
浣熊是因為牠們的"洗食"習慣而得名的。

很多人以為浣熊喜歡洗食物是講究衛生。
然而,牠們其實不介意食物髒不髒,
有時候浣熊清洗過的食物甚至比沒有清洗過的更髒。

而且，明明是在水中捕捉到的獵物，
浣熊也會重新放到水中清洗一下。

抓到魚了！

開心！

再洗一洗。

?!

???

我的魚呢？

其實"洗食"習慣是浣熊用前爪瞭解食物的過程，
觸覺是浣熊最重要的感覺。
水能幫助浣熊摸出食物的外形和質地，
就像我們人類用眼睛辨別物體的形狀和顏色。
浣熊是靠觸覺來"看"食物的。

更多冷知識

①浣熊原產於美洲，是動物界裡名副其實的"小偷"，是一種賊性很重的動物，無所不為。牠們最愛翻垃圾桶，適應環境的能力極強。

②浣熊不是天生就會爬樹的，而是後天學會的。像人類學走路一樣，浣熊媽媽需要一遍又一遍地教小浣熊學爬樹。

11. 如果遇到熊，應該怎樣逃生？

如果人在野外遇到熊，想透過裝死來保命是行不通的。

任何熊在饑餓的時候遇到動物的屍體都是來者不拒的，
所以裝死是沒有用的。

速度可達每小時56公里

如果遇到熊，轉身就跑走呢？
實際上，熊跑起來的速度最快可達每小時 56 公里。
人跟熊比拼跑步速度的話，要跑贏牠可不容易喔。

比較好的逃生方法是：
保持鎮定，不要和熊對視，也不要背對熊，
更不要突然做出猛烈的舉動，面朝著熊慢慢後退。

大多數的情況下，熊會站立起來觀察你是否會對牠構成威脅。
這個時候人的瞪視、奔跑或尖叫都可能讓牠覺得不安進而發動攻擊。

如果發現熊想要攻擊你，別猶豫就逃跑吧！
丟下一些無用的或者有氣味的隨身物品，讓熊分散注意力去聞，
為自己爭取一點逃跑的時間。真的沒辦法要與熊搏鬥時，優先攻擊熊的鼻子。
如果事先知道要進入的地方有熊出沒，請備好防熊噴霧。

更多冷知識

①除了北極熊和部分棕熊因為體重過重不能上樹外，其他的熊都是爬樹高手。所以遇到熊的時候，爬樹逃生是沒有用的。

②如果你身上有金屬的東西，而且能用來敲擊發出較大響聲的話，這是一個嚇退熊的好方法。動物一般都不喜歡聽到金屬發出的聲音，會被嚇跑。

12. 土撥鼠看似呆萌，其實很危險

很多人都很喜歡土撥鼠這種長相可愛、呆萌的小動物。

但其實牠是比老鼠更具破壞力的傢伙——
破壞草地、到處挖洞、傳播鼠疫等。

土撥鼠作為寵物也是近幾年出現的現象，但是，千萬不能養土撥鼠！
因為牠們大都攜帶病毒和寄生蟲，而且是鼠疫的天然宿主。

其次，土撥鼠是群居動物。

逐漸黑化

如果單獨飼養，時間長了，牠會出現精神問題，
變得更具攻擊性。

一家發十口人（鼠）

要是幾隻土撥鼠一起養的話，
不用一年，幾隻就會變成幾十隻……
因為牠們的繁殖力也很強。

更多冷知識

① 2003 年在美國中西部曾經局部爆發了猴痘疫情，而黑尾土撥鼠就是那次疫情的源頭，因此美國禁止將土撥鼠養作寵物，直到 2008 年才解除這個禁令。

②土撥鼠的智力非常高，會使用鑰匙開門，搬動卡鎖鎖扣。牠的臂力也很強，可以向上翻越圍欄。

13. 鱷魚在水中的樣子很 "蠢萌"

在大家的印象中，鱷魚是非常兇猛的冷血動物，
特別是當牠們浮在水面只露出鼻子和眼睛的時候，會令人毛骨悚然。

但是鱷魚真的是如我們想像中那樣浮在水面嗎？

實際上當鱷魚在水面露出鼻子和眼睛時，牠們並不是整個身體浮在水中，
而是用後肢站立，在水中行走，只是借用了水的浮力露出了眼睛和鼻子，
從側面看的樣子是不是有點 "蠢萌"？

不過與其說是在水中行走，不如說牠是懶得游泳。
因為鱷魚的代謝率很低，所以看起來總是懶洋洋的。

鱷魚在水中放鬆身體後就會下沉，
此時只會剩下腦袋露出水面，既能觀察四周又能節省體力。

如果在水位較淺的地方，牠們會在水裡四肢站立走動。
只有在發現獵物的時候，才會在水裡快速游動。

水中芭蕾

更多冷知識

①鱷魚距今有兩億年歷史，跟恐龍是同時代的生物。

②鱷魚的壽命和人類差不多，甚至比人類活得更久。鱷魚的壽命能達到 70 至 100 歲，目前壽命最長的鱷魚已經 115 歲了。

14. 企鵝的雙腳為什麼不會凍傷？

企鵝在南極零下幾十度的環境踩在冰雪上，
牠們的腳為什麼不會凍傷？

首先我們要知道，赤腳站在低溫的冰面上時，
腳部血液的熱量會透過熱輻射傳遞出去，
所以腳會變冷而凍傷。

腳部與冰面溫差越大、越容易凍傷

減少腳部與冰面溫度的溫差就可以減少熱量散失，
而企鵝正是因為擁有可以調節雙腳溫度的獨特血液循環系統，
才不會凍傷雙腳。

企鵝在天氣寒冷時會減少腳部的血液流量，天氣暖和時則增加血液流量。
這樣，企鵝腳部的溫度就能穩定維持在 1℃~2℃，
不但可大幅度地減少熱量流失，同時也能防止腳被凍傷。

其次，牠們腿部的大部分肌肉都藏在身軀下，被厚厚的脂肪包圍著，
只露出腳蹼，這樣也更能避免受凍。

企鵝的大腿和膝蓋長在體內

企鵝其實都擁有 "大長腿"，
不過牠們的大腿和小腿幾乎長在身體裡面，
露出來的只有牠小腿的一小部分而已。

更多冷知識

①世界上最大的企鵝是皇帝企鵝，正常體型有 0.9 公尺高，最高可達 2 公尺，比一個成年男子還要高！

②為什麼企鵝會排隊一起走？因為走在隊伍前頭的企鵝將雪踩緊了，後面的企鵝沿著前面企鵝走過的雪路行走更安全。

15. 把蟑螂冰在冰箱裡，
牠還能活下來嗎？

大家都知道，蟑螂的生命力非常頑強。

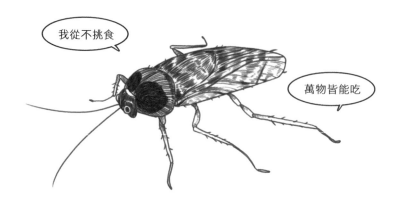

蟑螂幾乎能將一切東西當成食物，
比如報紙、頭髮、衣服、電線、鞋子、塑膠製品等。

牠們喜歡溫暖潮濕的地方，
廚房的角落，浴室的櫃子等都是牠們的最佳藏身之處。
然而這並不代表蟑螂不能在寒冷的地方生存。

蟑螂可以適應 -12°C~60°C 之間的溫度，
同理，如果把蟑螂冰在冰箱裡是不能把牠凍死的。

哪怕冰箱裡沒有食物，蟑螂也能在裡面存活二十多天，
生命力真的很頑強！

蟑螂比恐龍更早
出現在地球上

更多冷知識

①白蟻和蟑螂在大約 3 億年前的石炭紀就已經出現了，也都被歸類到蜚蠊目中。白蟻體內能消化木材的微生物體也在某些蟑螂的體內發現。證據顯示，白蟻可算是蟑螂龐大家族中的一個分支。

②遠古時期的蟑螂跟我們現在見到的沒有太大區別，只是沒有現在的蟑螂那麼大。

16. 螞蟻為什麼不會迷路呢？

小小的螞蟻有一套非常優秀的認路本領，不容易迷失方向。

科學家研究發現，螞蟻有非常敏銳的視覺，
不但能利用陸地上的景物來認路，
還能把空中的景物當成參照物來認路。

① 依靠視覺

太陽所在的方位和路面上有特徵的標誌，
都是螞蟻可以利用進而找到回巢之路的線索。

除了依靠視力，螞蟻還能透過辨別氣味來認路。
螞蟻會在牠們爬過的地面上留下一種氣味，
返程時只要循著氣味，就不會迷路。

② 依靠嗅覺

在螞蟻經過的路上，如果用手指畫一條線，
連續破壞氣味，就會使牠們發生短暫的錯亂。

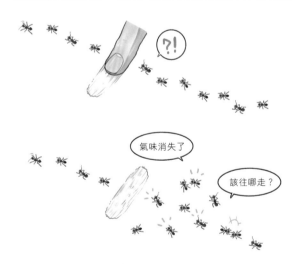

有些螞蟻雖然不會在經過的路面上留下什麼特殊的氣味，
但是牠們非常熟悉往返路上的天然氣味，
最終還是能找到回家的路。

更多冷知識

①即使烏雲密佈，或者留下的氣味受到破壞，只要還有一些可以利用的線索，螞蟻仍然能找到蟻巢。

②螞蟻從高處落下時所受的空氣阻力大於水滴所受的空氣阻力，落地速度比雨滴滴慢，所以螞蟻從高空摔下不會摔死，反而可能因為在空中逗留太久而餓死。

17. 昆蟲中的精靈——旌蛉

旌蛉科目前分為兩個亞科，旌蛉亞科與線旌蛉亞科。

旌蛉

旌蛉亞科成蟲的體長不過 1 公分，特徵是其進化的後翅，
如同緞帶一般華麗，看起來像是從童話世界穿越過來的精靈。

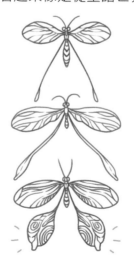

牠的後翅甚至能膨大成葉狀，
這樣的特徵在整個昆蟲綱中是十分罕見的。

平衡飛行

偽裝　控制體溫

　　　　如此奇特的後翅成了諸多學者的研究物件，
後翅的功能也先後被證實具有偽裝、平衡飛行和控制體溫的作用。

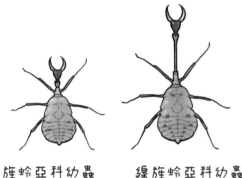

旌蛉亞科幼蟲　　　線旌蛉亞科幼蟲

　　　　值得一提的是，線旌蛉亞科的旌蛉幼蟲擁有"長脖子"，
看起來很像身上自帶了一根自拍棒。

一二三，cheese

更多冷知識

①旌蛉亞科的幼蟲多棲息於旱生植物根系周圍的沙土下，行動緩慢，捕食沙土中的一些小型昆蟲。

②長尾大蠶蛾是世界上尾突最長的蛾類之一。雌、雄蛾前翅均帶有眼狀斑，後翅上的肩角延長成飄帶狀，遠看宛若林中仙子。

18. 一些長相奇怪的昆蟲

還有一些我們平時很難遇見、長相奇怪的昆蟲。

長頸象鼻蟲

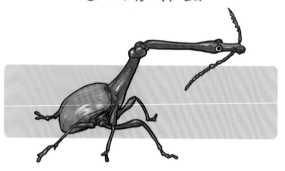

長頸象鼻蟲有一根長長的脖子，堪稱昆蟲界的長頸鹿。

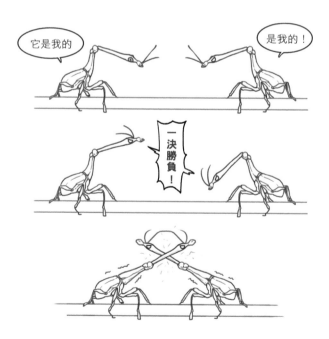

雄性長頸象鼻蟲在爭奪配偶的時候，
牠們的長脖子會成為交戰的武器。脖子越長，戰鬥力越強！

角蟬

角蟬的頭頂上長著形狀怪異的角狀物。
那並不是牠的觸角，而是前胸背板的畸形擴展，用來威懾敵人的。
不同種類的角蟬擁有不同形狀的“角”。

“小神龍”

“小神龍”是窄斑鳳尾蛺蝶的幼蟲形態，
因為長了一顆“龍頭”而引人注意。

你有什麼願望想要實現？

更多冷知識

①害蟲與益蟲其實都是人類定義的。有益人類
生活和生產的歸類為益蟲，破壞人類生產、妨
礙人類生活的歸類為害蟲。

②“變態”是昆蟲的成長階段，昆蟲完全變態
所經歷的階段是：卵→幼蟲→蛹→成蟲。不完
全變態則是：卵→幼蟲→成蟲。

19. 不是所有螃蟹都要橫著走路的

當你在海邊散步的時候，可能會留意到橫著走路的螃蟹，
為什麼牠們都要橫著走路呢？

螃蟹橫著走路，是由牠們的腿部結構決定的。
牠們用於行走的腿叫作步足，步足的關節只能上下活動，
如同人的手肘不能往外拐，所以螃蟹只能橫著走。

蜘蛛蟹的大長腿

不過，也不是所有的螃蟹都是橫著走路的，
和尚蟹、蜘蛛蟹就可以直直地向前行走。

成群生活在沙灘上的短指和尚蟹甚至還可以向前奔跑。

短指和尚蟹

另外，寄居蟹也可以朝前行走！
但其實寄居蟹並不是螃蟹，而是屬於寄居蟹總科。

寄居蟹通常會寄居於死亡軟體動物的殼中，
因保護牠柔軟的腹部而得名。

更多冷知識

①螃蟹的足上有一些小器官，對於空氣振動十分敏感，牠們能夠透過打擊地面和同類交流。

②椰子蟹是陸地上最大的節肢動物，能長到5公斤重，比普通的家貓都重。正如其名，椰子蟹會吃椰子（帶殼的）。

20. 葉羊是一種可以 進行光合作用的動物

葉羊的學名叫小綿羊海蛞蝓，生活在海底，
披著毛茸茸的綠色觸角，以進食海藻為生。

牠從卵中孵化出來後，身體呈白色透明，像一隻小白兔。
充分進食海藻後，才變成綠色的樣子。

葉羊利用吃進體內的葉綠素會進行光合作用，
製造身體所需的養分。

能進行光合作用的葉羊就不用再進食了，
每天曬曬太陽，就可以生存下去。

當然，葉羊本身是無法製造葉綠素的，
透過進食海藻得到的葉綠素只能在一段時間內供葉羊進行光合作用。

當體內的葉綠素消耗完畢，
牠便需要再次進食補充葉綠素，一直循環下去。

21. 那些怪異又真實存在的水母

儘管英文名字叫 Jellyfish，但水母並不屬於魚類。

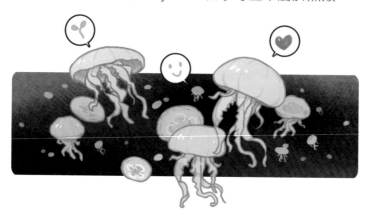

魚是生活在水中用鰓呼吸的脊椎動物。

而水母是無脊椎動物，並且也沒有鰓，水母是透過膜從水中吸收氧氣。

水母的種類非常多，部分水母的長相還很怪異。

煎蛋水母

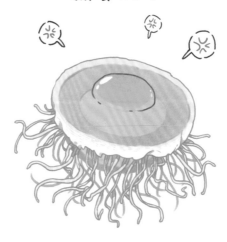

煎蛋水母看起來很像一片煎蛋，因而得名。

牠是少數不需要借助洋流就能自己游動的水母。

炮彈水母

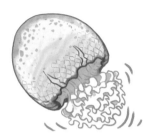

炮彈水母又名球水母，以其外形命名。

牠能夠進行無性繁殖，曾被納入能影響生態系統食物鏈的入侵物種。

直到人們發現炮彈水母可以食用……

警報水母

快來啊！

這裡有食物！

警報水母是典型的深海水母，生活在水深七百公尺以下的海底。

如果警報水母被其他海洋獵食者襲擊，就會發出一連串閃光，

光亮使獵食者暴露在其他捕食者的視線範圍內，迫使獵食者扔下牠逃跑。

看起來也是很像飛碟

更多冷知識

①如果你被水母蜇了，最好的辦法是用鑷子小心地移走所有的觸角，並將被蜇的部位浸泡在熱水中，然後儘快就醫。

② 1991 年，兩千多隻水母被帶入太空，這些水母在失重環境中繁殖，產生了超過六萬隻水母，但這些在太空培育的水母在返回地球後無法正常存活。

22. 鯨魚在水裡是怎麼睡覺的呢？

作為生活在海裡的高等動物，鯨魚也跟人類一樣需要睡覺。

我也要睡覺的啦！

鯨魚睡覺的時候不能進行換氣，
所以牠在睡眠期間都在憋氣。

鯨魚打盹

鯨魚以及很多動物的睡眠都是碎片化的，
牠們不需要每天固定的連續性睡眠，牠們的睡眠更像是短時間的打盹。

鯨魚進入睡眠之後，會完全不動，頭部向上豎立在海中，
像巨大的浮木一樣。

牠們總是一家子幾頭鯨魚聚在一起，找一個比較安全的地方，
其他成員以頭鯨為中心，圍繞成一圈睡覺。

睡覺的時候，鯨魚完全不呼吸，偶爾才會浮出水面換氣。
別擔心，鯨魚的肺活量非常大，憋氣三十分鐘對鯨魚來說完全沒有問題。

更多冷知識

①藍鯨的心臟極其巨大，大小猶如一輛汽車，心跳聲很響亮。

②科學家估計藍鯨的壽命至少有 80 年，但目前還未能確定其準確壽命。科學家會計算藍鯨耳朵裡的蠟層，以此確定其大致年齡。

23. 鳥類中的 "騙子" ——布穀鳥

布穀鳥又稱杜鵑，多數居住在熱帶和溫帶地區的樹林中。

牠被稱為鳥類中的 "騙子"，為什麼呢？

布穀鳥把蛋產在
"別人家" 裡

當雌性布穀鳥準備產蛋時，牠不築巢，
而是找像知更鳥、刺嘴鶯等比自己體型更小的鳥類，
在牠們的巢中偷偷地下蛋。

布穀鳥的鳥蛋會比巢內的其他鳥蛋更早孵化。
布穀鳥幼鳥破殼後不久就會把其他的蛋踢出巢外。

之所以這樣做，是因為牠長的很快，
需要霸佔"養母"所能提供的全部食物。

最厲害的一點是，布穀鳥能控制、改變自己蛋的顏色和斑紋，
像影印機一樣，讓自己產的蛋模仿巢內的其他鳥蛋。
所以不知情當了"養母"的鳥很難分辨出巢裡的蛋有沒有被掉包。

"多變"的布穀鳥蛋

更多冷知識

①古時說的子鵑、子規、謝豹、杜宇，指的正是同一種鳥——杜鵑。

②杜鵑鳥是杜鵑科鳥類的通稱，牠們的身體細長、腿部強壯，多數以昆蟲為主食。

24. 世界上唯一不會飛的鸚鵡

鴞鸚鵡，牠是世界上唯一不會飛行的鸚鵡，
也是世界上壽命最長的鳥類之一。

鴞鸚鵡

牠的體型渾圓肥大，體長一般在 60 公分左右，體重則在 1~2 公斤，
雖然有一對短小的翅膀，但缺少鳥類控制飛行肌肉的龍骨，
所以它無法用翅膀飛翔，移動全靠奔跑。

它奔跑的時候會張開短翅膀，圓滾滾的外型看起來非常可愛。

鴞鸚鵡不像其他鳥類需要保持輕盈的身形，
牠會在體內儲存大量的脂肪，所以體重居同類之冠。

鴞鸚鵡是夜行性動物，喜歡獨居，而且爬樹能力很強。

但因為牠不會飛，
如果不小心從樹上掉下來就會摔傷。

25. 爲什麼貓頭鷹不能轉動眼睛？

人類的眼睛是一個球體，貓頭鷹的眼睛卻是圓柱體的，
所以貓頭鷹的眼睛不能在眼眶內自由地轉動方向。

牠若想要觀察周圍的情況就需要轉動整個頭部，
牠們靈活的頸部可以旋轉 270 度。

夜視能力

貓頭鷹的眼睛很大，光線很容易進入牠們的眼中，
加上牠們有著豐富的桿細胞以及特殊的眼睛結構，
這使得貓頭鷹擁有優秀的夜視能力。

不過，雖然牠們的視網膜中含有大量的桿細胞，卻沒有錐細胞，
這讓牠們無法辨別顏色。

貓頭鷹都是色盲

貓頭鷹休息的時候常會睜一隻眼睛，閉一隻眼睛，是很特殊的睡眠方式。
這種睡眠的學名叫單半球慢波睡眠。

這種睡眠讓大腦兩邊一邊處於睡眠狀態、一邊處於清醒狀態。
睡眠中的貓頭鷹會輪流睜開左右眼，即使睡覺也不忘時刻觀察四周確保安全。

更多冷知識

①貓頭鷹有 3 張眼瞼，上眼瞼會在眨眼的時候放下，下眼瞼在睡覺的時候閉合，中間的眼瞼會在眼睛表面上下移動幫助清潔眼睛。

②貓頭鷹的耳朵是一高一低地分佈在頭部的兩側，這能夠幫助牠們更加精準地定位聲音的來源。

26. 爲什麼雄鳥通常比雌鳥美？

為什麼雄鳥通常比雌鳥擁有更美的外表呢？

動物學家認為，漂亮的羽毛和悅耳的歌聲一樣，
是雄鳥吸引雌鳥的常用手段。

美麗的羽毛能贏得更多關注

由於許多種鳥類都存在"一夫多妻"的現象，
所以當雄鳥具備豔麗動人的外表，就有可能贏得更多的配偶。

在絕大多數的鳥類中，一般會由雌鳥承擔孵蛋和育雛的任務。

由於雌鳥孵蛋時要長時間呆在鳥巢中，
灰暗的羽毛與周圍環境很相似，不容易暴露自身，
如果羽毛太過亮麗顯眼，可能會給自己和幼鳥帶來危險。

大部分雄鳥比雌鳥美麗，與鳥類的求偶和繁殖習性息息相關，
這也是鳥類為了適應環境演化而來的結果。

更多冷知識

①一些鳥類很容易被人工照明誤導睡覺時間。棲息在城市的鳴禽鳥類，夜間燈火通明會讓牠們失眠。

②鳥類遷徙的原因至今仍然無解。有科學家提出，鳥類遷徙與地球上多次出現的冰川期有關。他們認為鳥類起源於高緯度地區，由於第四紀冰川侵入，迫使鳥類遷徙南方覓食，等冰川融化又飛回北方，養成定期往返繁殖地和越冬地習性，進而形成了遷徙。

27. 柑橘家族錯綜複雜的關係

柚子和橘子同為柑橘屬。
在柑橘屬中，包括柚、柑、橘、橙、檸檬等常見的水果。

追根溯源，它們都是由天然存在的枸櫞、柚子和寬皮柑，
相互配種後產生的新品種。

柚子和寬皮柑配種後，可產生柳橙。

而柚子和枸櫞配種後，可產生檸檬。

柳橙和柚子經過配種以後，誕生的就是葡萄柚。

另外，寬皮柑和柳橙的再次人工配種，產生的就是柑橘。

更多冷知識

富含維生素 C 的柚子檸檬，是由檸檬和柚子嫁接產生的神奇水果，非常受到大家喜愛。

28. 這些胡椒都是同一種類

胡椒屬木質攀援藤本，果實呈球形，成熟時為黃綠色、紅色。

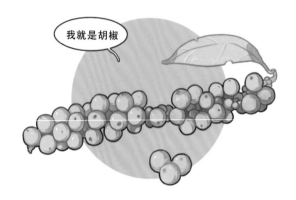

我們看到的綠胡椒、白胡椒和黑胡椒其實都是同一種胡椒。

綠胡椒是採收未成熟的胡椒果實，
浸在鹽水或醋裡製作而成，味道較淡，略帶果味。

白胡椒是將成熟的胡椒用水泡透了，
除去綠色外果皮後，就會變成白色的胡椒，
味道相對更柔和，並且不辛辣。

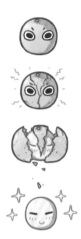

黑胡椒則是將未完全成熟的胡椒放在太陽下曝曬，
果皮慢慢變黑收縮，最後變得薄薄、皺皺的，包裹著胡椒粒。

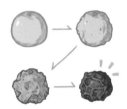

在中世紀，來自印度南部的黑胡椒被稱作 "黑色的黃金"，
偷一把黑胡椒的嚴重程度就相當於現在的搶銀行。

黑胡椒黃金

更多冷知識

①大蒜在生活中除了被人們用來食用以外，還有著許多特別的作用，有些地方會拿它來驅蛇，或當成中藥用。

②生薑中含有薑辣素，它能使血管擴張，加快血液循環，使身體有發熱感。

29. 有哪些植物會發光？

會發光的植物通常是由於體內有大量的磷，
當磷和空氣接觸時，就會發出冷光。

你知道會發光的植物有哪些嗎？

①水晶蘭

水晶蘭屬於鹿蹄草科植物，生長在高海拔且陰暗潮濕的密林裡面，
在夜裡會發出白色的螢光，坊間稱之為幽靈之花。

②夜皇后

有一種被稱為"夜皇后"的花，也叫黑鬱金香，
它的花蕊含有豐富的磷質，當夜色來臨，它便發出幽幽的亮光。

③燈籠樹

燈籠樹開的花能吸收貯存磷，入夜後釋放出磷化氫，引起自燃，
發出淡藍色的磷光，酷似一盞盞閃爍的小燈籠。

你還知道其他
會發光的植物嗎？

更多冷知識

①在巴拿馬生長著一種怪樹，它的果實酷似一根根奇特的蠟燭，當地居民把果實摘下來，點著了用來照明，所以人們叫它"蠟燭樹"。

②天竺葵科植物蚊淨香草能散發出清新淡雅的檸檬香味，放在室內有很好的驅蚊效果。一盆冠幅 20~30 公分的蚊淨香草的驅蚊面積為 10~20 平方公尺。

30. 植物在受傷時會尖叫？

一項由以色列特拉維夫大學的科學家小組主導的最新研究發現：
某些植物在承受壓力時會發出高頻率的"尖叫"。

在研究中，他們將一個麥克風放置在距離實驗裝置 10 公分的地方。
然後切開植株的莖部，不再供給植物水分。

當他們開始切割植株的莖部時，
他們發現植物會發出在 20,000~100,000 赫茲之間的"尖叫"。

這項實驗的結果改變了人們對植物的看法。

我們一直認為植物都是沉默無聲的，
而事實是，它們發出的聲音頻率很高，所以人類聽不見。

我們是不是忽略了，
植物也像動物一樣有感覺，甚至是有"意識"的呢？

更多冷知識

①一些生物可以聽到植物的聲音並做出反應。
番茄和煙草是飛蛾幼蟲的寄主。飛蛾能夠聽到
上述實驗中受到傷害的番茄所發出的"尖叫"，
然後避免在發出壓力聲音的植物上產卵。

②植物同樣能和植物以及其他生命體進行溝
通，比如跟寄生蟲和微生物。它們有許多種溝
通管道，其中一種是透過菌根網路。

小劇場01

長了一張撲克臉的藏狐

▼

藏狐身形大小與赤狐接近，或者略小於赤狐。

牠出沒於高原地帶，喜歡獨居，以鼠為食，對人類有益。

藏狐由於長了一張看起來很呆萌的撲克臉而被大家熟知。

儘管牠沒有耳廓狐可愛，但是藏狐依然擁有高人氣！

狐狸一族

提到狐狸，

赤狐！

孤獨的獨行俠

當然是我赤狐了。

雪狐！

雪中的白色幽靈

請相信我，

耳廓狐！

可愛的小精靈

沒有比我更可愛的狐狸了。

冷漠

藏狐！

搞笑的表情包

是我比較可愛吧？

熊熊一族

『棕色的恐懼』

我是最強的熊！

哇嗚！

『黑色的噩夢』

我才是最強的！

哇嗚

那個……

我才是最強的。

『白色的猛獸』

最強的熊熊！

哪一種"熊熊"的
戰鬥力最強？

▼

北極熊的體型最大，棕熊次
之，黑熊墊底。

......

......

......

棕熊的爪子最長，約8公
分；北極熊和黑熊的爪子差
不多長5公分。但是北極
熊的爪子最鋒利。

所以，綜合以上兩個條件來
看，北極熊的戰鬥力比棕熊
和黑熊強。

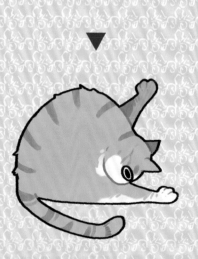

無奇不有

31. 為什麼蚊香都是漩渦狀的呢？

蚊香我們都用過，但你知道為什麼蚊香都是漩渦狀的嗎？

最初發明的蚊香就像我們平常祭拜用的棒狀香，
後來發現蚊香這樣很快就會燒完，且驅蚊的時間很短。

只能燒 20 ～ 60 分鐘

可以燒 5 ～ 7 小時

為了能燃燒至少一個晚上，蚊香改良為 "漩渦狀"，
大幅延長了燃燒時間，可以燃燒 5~7 個小時。

使用蚊香時有一個煩惱，
那就是必須小心謹慎地掰開蚊香，不然蚊香很容易斷裂。

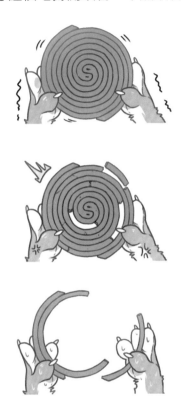

不過，你可能沒有察覺到，
其實根本不需要分開兩盤合在一起的蚊香。

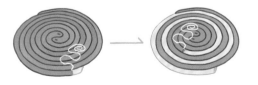

只要輕輕地將兩盤蚊香之間的接觸面鬆開，
直接點燃其中一頭就好了，另外一盤會自動脫落的。

更多冷知識

①蚊香對貓咪有害。因為蚊香裡有一種叫菊酯的化學成分，會傷害貓咪的肝臟，而且貓咪沒有可以代謝菊酯的能力。

②如果想控制蚊香的燃燒時間，可以在蚊香上放一枚硬幣，蚊香燃燒到硬幣處就會停下來。

32. 裝三秒膠的容器 為什麼不會被黏住？

在生活中有時會需要用到快乾膠。

但是令人費解的是， 為什麼三秒膠可以穩定地儲存在包裝裡呢？

原來三秒膠的主要成分為"氰基丙烯酸酯"， 這種物質需要跟水氣或某些含氫化合物結合，才能產生聚合反應， 進而發揮黏合物體的作用。

裝有三秒膠的管子是沒有水氣存在的封閉容器，
所以無法在包裝裡進行聚合反應。

任何物體的表面和空氣裡都存在水氣，
所以在使用三秒膠時，只需在物體表面塗上薄薄一層，
就能發揮很好的黏著效果。

如果三秒膠塗的太厚，
會導致部分三秒膠與空氣中的水氣隔離而無法凝結，
反而無法發揮功效。

更多冷知識

①如果手指不小心被三秒膠黏住時，使用肥皂水或去光水可以輕鬆洗掉。

②三秒膠如果滴在濕潤的皮膚上，很容易會因為熱反應導致皮膚燒傷，這時應及時用濕毛巾敷在膠漬處，然後用水沖洗乾淨。

33. 啤酒瓶蓋上一共有多少個鋸齒？

細心的朋友不知道有沒有數過啤酒瓶蓋上有多少個鋸齒呢？
答案是 21 個鋸齒。

在 19 世紀末，英國的威廉・潘特發明了啤酒瓶蓋。
他當時努力研究想做出不讓瓶身內二氧化碳外洩的蓋子，
結果就想到在瓶蓋上加 21 個鋸齒的方法。

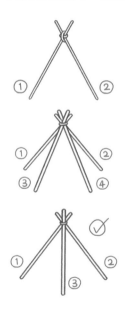

這個想法的基礎是應用力學的常識——
固定物體，用兩點或四點，都不如三點更穩定。

但是，只用三點來固定啤酒瓶的話，
瓶內的二氧化碳很容易跑掉。

所以為了使蓋子與瓶口密合，潘特嘗試將鋸齒按照三的倍數增加，
直到做出 21 個鋸齒的瓶蓋，發現它跟瓶口貼合是最緊密的。

雖然各個啤酒廠商不斷嘗試，想要增減鋸齒的數量，
但是都沒有做出能比 21 個鋸齒更好用的瓶蓋。

更多冷知識

①啤酒是人類最古老的飲料之一，最早可以追溯到公元前六千多年前的古巴比倫時期。

②很多人都聽過貓屎咖啡吧！其實啤酒裡也有類似的象屎啤酒：釀造的時候，加入了大象吃進去排泄出來的咖啡豆磨出的粉。據悉，大象每吃下 33 公斤的咖啡豆才能產出 1 公斤象屎咖啡。

34. 可樂不僅僅能喝，還有其他妙用

你以為可樂只是"快樂肥宅水"而已嗎？它還有很多妙用！

① 鐵鏽剋星

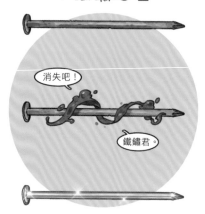

如果我們有一些小零件生鏽了，可以把它們放在可樂裡浸泡上一夜，
用清水洗滌一下，鐵銹立即就消失了。

② 清潔窗戶

可樂中含有大量的檸檬酸，是我們清洗窗戶的好幫手，
直接用可樂擦拭窗戶特別有助於清潔頑固污漬。

③ 清洗衣物

將一罐可樂連同一般的洗衣劑一起倒入洗衣機中，
便可輕鬆地將油漬、茶漬等污漬清洗掉。

④ 捕蟲陷阱

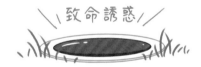

往一個小碟子裡倒些可樂，然後把它放在蟲子經常出沒的地方。
鼻涕蟲、蝸牛，還有其他蟲子都會爬進去"享用"，
然後牠們就別想再出來了！

更多冷知識

①可口可樂於 1957 年進到台灣，初期僅供駐台美軍飲用。1968 年正式於台灣上市，進入一般民眾的消費市場。那時候它的譯名很奇怪，叫"蝌蝌啃蠟"。

②可樂的化學成分對水母蜇傷有很強的止痛效果，將可樂倒在被蜇處，可以緩解疼痛。

35. 生雞蛋真的比熟雞蛋營養價值高嗎？

雞蛋是我們的日常食物，
有些人會選擇直接生吃，難道生雞蛋真的更有營養嗎？

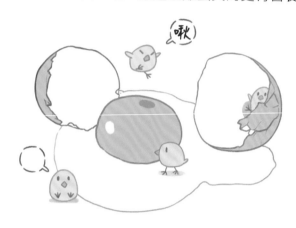

首先，雞蛋確實是可以生吃的，但必須是新鮮、無菌的雞蛋。

看起來光鮮亮麗的蛋蛋

有可能已經不新鮮了...

不新鮮或未經消毒的生雞蛋中帶有病菌和寄生蟲卵，
吃進肚子會引起腹瀉、中毒等情況。

其次，生雞蛋的蛋白質結構比較緊密，
人類胃部的消化酶很難消化這樣的蛋白質，容易引起腸胃不適。

生吃雞蛋或許另有一番風味，
但也有可能會感染病菌或影響腸胃健康，所以不宜多吃。

生雞蛋對人類來說並不比熟雞蛋有更高的營養價值，
吃熟雞蛋才更有助於身體健康喔！

更多冷知識

①無菌雞蛋是指製程受到控管，未受到污染、無細菌感染的雞蛋。口感與氣味與一般雞蛋也不相同。

②用水清洗過的雞蛋會更容易變質。

36. "熱狗" 到底起源於美國還是德國?

飲食界有許多有趣的起源印象錯置,例如說起熱狗,
大家都會聯想到熱愛熱狗的美國人。

熱狗裡沒有狗。

熱狗在美國無處不在,所以許多人以為熱狗是美國人發明的,
實際上熱狗是德國人發明,並帶到北美洲發揚光大。

熱狗也叫法蘭克福香腸。
這個名稱起源於德國的一個城市——法蘭克福。

法蘭克福香腸早在 18 世紀便出現在法蘭克福的啤酒館，
它當時是作為一種下酒菜形式銷售的。

第一步，找到一隻臘腸狗

第二步，把它拉長

第三步，蓋上麵包

擠上芥末醬，完成

有意思的是，三明治指的就是一種夾著餡的麵包，
所以熱狗嚴格來說也是一種三明治。

更多冷知識

①作為全世界最愛吃豬肉的民族，德國人能把豬肉的每一部分都做成香腸。德國香腸多達1500種。

②中式臘腸有著一千多年的悠久歷史。起源於魏晉南北朝之前，首次記載於北魏《齊民要術》的"灌腸法"，這個方法流傳至今並發展出多種技術。

37.日本壽司爲什麼常用海苔包裹著？

壽司源於古代的一種鹽漬菜，多寫作 "鮓"，也可見 "鮨"，
如今日本壽司廣為人知，不僅是日本人喜愛的食物，也流行於全世界。

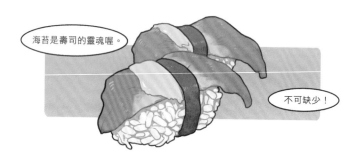

那麼，日本壽司為什麼要用海苔包著？
為什麼不是用菠菜或海帶呢？

在日本有一個有趣的傳說：
從前有一個日本人嗜賭，總是讓妻子準備好飯團帶到賭場去，
方便他解決吃飯問題，安心賭錢。

有一天吃飯的時候他覺得飯團太黏手了，
手和賭桌都沾滿了飯粒。
迫於無奈他找來服務生要了一塊海苔包著飯團繼續吃。

沒想到，包了海苔的飯團更加美味！
於是有人開始仿效這種吃法，逐漸廣為流傳。

更多冷知識

①最早的握壽司是很大一貫的，客人在吃的時候很不方便，於是改良成小一點的壽司，最後就變成兩貫小壽司組成一組的習慣了。

②芥末有很強的殺菌功能，可以殺菌消滅腸胃寄生蟲，所以生食鮭魚等海鮮經常會配上芥末醬。

38. 泡麵為什麼要泡三分鐘？

世界上"最漫長"的三分鐘莫過於等待剛加滿熱水的泡麵。

那麼，為什麼是泡三分鐘呢？
難道泡五分鐘就不好吃了嗎？

日本速食麵的發明人安藤給出這樣的答案：
等待三分鐘，你的饑餓感會變得更強烈，
靜候三分鐘後再吃，你就會覺得泡麵更香、更好吃。

說穿了，就是故意吊人胃口。
如果等上五分鐘，甚至更長的時間，"真香"的效果會更顯著嗎？

等五分鐘了！

等得心煩氣躁！

等十分鐘了！

麵泡爛了。

等待超過三分鐘後，人會坐立不安，
原本期待的心情可能會變為煩躁，
而且麵泡得太久也會失去原本該有的美味。

三分鐘更美味

所以，泡麵需要泡三分鐘的吃法，
是經過觀察、研究消費者心理所定下的最佳時間。

更多冷知識

①不是只有你喜歡乾吃泡麵！全世界有很多人喜歡捏碎泡麵後撒入調味包搖一搖，然後乾吃泡麵。

②根據 2000 年的一個調查，泡麵是日本人最為自豪的發明，因為泡麵從本土走向全世界，影響力非同小可。

39. 關於香蕉的顏色

香蕉是我們常見常吃的水果之一，
擁有金黃色的外表，吃起來香甜柔軟。

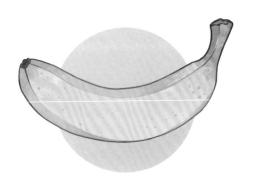

但很多人不知道，香蕉也有許多品種，
不同品種的香蕉顏色也不同，並不是只有黃色的。

紫色香蕉也稱芭蕉，是野山蕉的一種，
在泰國、緬甸，以及大陸雲南地區等可以找到。
這種香蕉目前為止沒有人工引種栽培，所以相當罕見。

咖啡蕉在未成熟時會呈現出咖啡色，
隨著時間的推移，逐漸長成我們常見的黃色。
雖然咖啡蕉顏色看起來怪怪的，但是味道比一般香蕉更為香甜。

好吃。

紅香蕉，它還有一個有趣的名字，叫作火龍蕉。
比起普通香蕉，紅香蕉的生長期特別長，需要 15 個月以上。
它也比一般香蕉貴，也許是因為栽種不易吧！

好大。

還有一種巨型綠色香蕉，這種香蕉比我們平時吃的香蕉要粗大很多，
一根香蕉好幾公斤重，一個人根本吃不完。

更多冷知識

雖然吃香蕉時似乎感覺不到水分，但香蕉含水量的確高達 75%，香蕉也富含膳食纖維，有助腸道蠕動。

40.吐司麵包總是塗有奶油的 那面先著地

美國密西西比州哥倫布女子大學的專家做了一個實驗：
從桌子邊緣掉落的吐司麵包，
塗有奶油的那一面有 78% 的機率會先著地。

原因很簡單，因為桌子的高度不足。

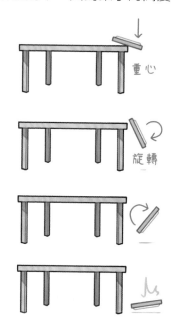

麵包從桌子邊緣翻落的那一瞬間，一部分重心已經落在桌外，
於是這片麵包處於旋轉的狀態，因此不是垂直落地，而是翻轉落下。

麵包翻轉的速度不夠快，無法完成一個完整的空中翻滾，
所以通常沾有奶油的那一面會先著地。

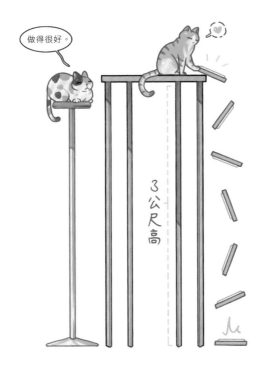

想要讓麵包完成整個 360 度的翻滾動作，不讓奶油那面著地，方法也很簡單，
只要在 3 公尺高的餐桌上掉下去就可以了⋯⋯

另外，因為貓永遠都是四隻腳落地，
所以你也可以試試將麵包黏在貓的背上。

更多冷知識

①蛋糕特性主要分為六大類：海綿蛋糕、戚風蛋糕、重油蛋糕、乳酪蛋糕、慕斯蛋糕和天使蛋糕。

②食品包裝上寫的"不含蔗糖"是指不含白砂糖。但是會讓血糖快速上升的還有葡萄糖、麥芽糖、果糖...

41. 人類愛吃垃圾食品是本能

當你心情不好的時候，
抱著一堆零食吃是不是似乎就沒那麼難過了呢？

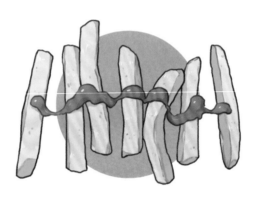

不少人認為漢堡、薯條、洋芋片等垃圾食品格外美味可口，
這其實是人類的本能使然。

我們的祖先更青睞高卡路里的食物，
因為在冬天來臨前必須多囤積一些脂肪，來提高自己在寒冬的生存機率。

吃油　吃
再吃　再吃
努力吃　多囤點脂肪。

雖然現代人普遍運動量不大，每天消耗的卡路里也不多，
但骨子裡的生存本能使得我們偏愛吸收高卡路里的食物。

吃貨的倔強

加油！你是最胖的

42. 站著和走路，哪種更累？

站著和走路，哪種會更累？
你只要抽出幾分鐘時間去試試，就知道答案了。

試過以後你或許會發現，雖然站著不需要活動，
但是要比走路累多了。

原因在於，當我們保持站立姿勢時，
雙腿承受著整個身體的重量，兩條腿得不到休息，
所以過了一會兒就會感覺累。

而當我們走路時，雙腳可以交替承受身體的重量。

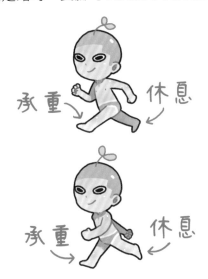

承重 休息

承重 休息

這也就是說，雙腳可以輪流休息，
所以跟站著比起來，走路就沒有那麼累了。

♪ 旋轉，

跳躍，

他閉著眼。♫

走路比站立不動更省力，還有一個原因在於手臂的動作。
人在走路時，如果手臂不晃動，會多消耗大概 10% 的能量。

更多冷知識

①如果站立的時間較長，雙腳會因為血液循環
不良而感到不適，站的太久雙腳也會發麻。

②專業的競走運動員在使用標準的競走動作
時，走路速度比普通人跑步還要快！

43. 牙膏有什麼神奇的用途？

陪伴我們每一天的牙膏，是必備的生活用品。

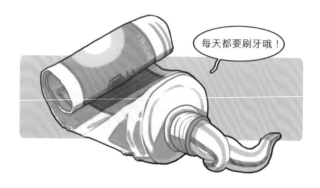

每天都要刷牙哦！

牙膏除了可以清潔牙齒之外，
在生活上還有很多意想不到的用途。

茶垢

咖啡漬

牙膏可以清除茶杯中留下的茶垢和咖啡漬，
在茶杯內壁塗上牙膏後反覆搓洗，很快就能光亮如初。

想在牆上黏貼紙張可利用牙膏當媒介，
既能牢牢固定紙張也不會損壞牆壁。

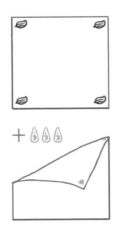

想撕下時，只要用水把黏貼處弄濕，
就可以很容易地取下。

銀器久置不用，表面會出現一層黑色的氧化層，
用牙膏擦拭，即可變得銀白光亮。

更多冷知識

①我們的牙齒顏色本身就不是特別白，應該是略帶淡黃的，所以牙膏只能讓你的牙齒恢復原本的顏色，並不能變得更白。

②用濕抹布沾取一點牙膏擦拭，可以輕鬆清除地毯、牆壁和沙發上的蠟筆塗鴉。

44. 有些口服藥為何外部會包裹著膠囊？

目前市面上常見的膠囊主要分為兩類——軟膠囊和硬膠囊。

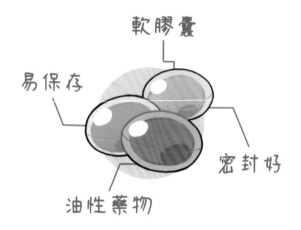

軟膠囊具有良好的密封性，可以長時間保存藥物，
如魚肝油等油性藥物多是用軟膠囊包裹的。

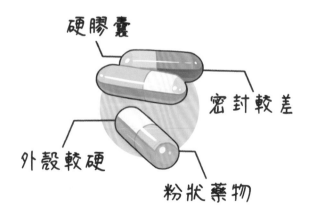

硬膠囊就是我們常見的雙色膠囊，它是由兩瓣較硬的膠囊合在一起，
密封性沒有軟膠囊好，裡面裝的是藥粉。

一些藥物之所以用膠囊來包裹，是因為：
它們具有很強的刺激性，直接服用會對消化器官造成傷害。

還有一些藥物應該在腸道內進行消化吸收，
膠囊能保護藥物不會在胃部就被胃酸腐蝕掉，
藥物直到進入腸道才會被釋放出來，讓腸道正常吸收。

有一些藥物很苦，加上膠囊可以阻擋苦味，
怕吃苦藥的人也更容易接受。

更多冷知識

①除了以上提及的原因之外，膠囊還能準確地控制藥物攝入的劑量，避免人們服錯劑量。

②感冒有普通感冒和流行性感冒兩種。而迄今為止，世界上還沒有研製出針對普通感冒病毒的特效抗病毒藥物。換句話說，沒有一種感冒藥吃了就能馬上治好，只能緩解症狀而已。

45. 那些名字聽起來很特別的
中藥其實是什麼？

那些名字聽起來很特別的中藥，其實是你意想不到的東西。

夜明砂

夜明砂：蝙蝠科動物的糞便。

五靈脂

五靈脂：複齒鼯鼠的乾燥糞便。

鳳凰衣

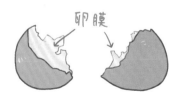

鳳凰衣：蛋殼內的白色卵膜。

白丁香

白丁香：文鳥科動物或麻雀的糞便。

雞矢白

雞矢白：家雞糞便上的白色部分。

血餘炭

血餘炭：人類頭髮製成的炭化物。

更多冷知識

①我們的指甲也是一味中藥，中醫把指甲稱為
"筋退"，認為其有止血、利尿等功效。

②針灸是古老的中醫技術，但因為古代冶鐵技
術落後，古代的針並不像現在針灸所用的針那
麼細，比牙籤還粗，而且還不能防鏽。

46. "尚方寶劍" 是一把什麼樣的劍？

尚方寶劍又叫尚方劍，是古代寶劍。

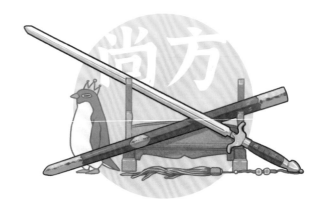

它由少府尚方監鑄造，供天子及皇室使用。

尚方寶劍可以用來代表皇帝的旨意，是一種權力和榮譽的象徵。
皇帝若把尚方寶劍賜予某個大臣，代表這個大臣既獲得了皇帝寵信，
也擁有了特權。

授予尚方寶劍也可作為一種軍事授權。

持有者可以直接誅殺低層軍官及士兵，不用特別上奏朝廷，
俗稱"先斬後奏"。

更多冷知識

①除了尚方寶劍，皇帝還可賜予臣子節鉞、丹書鐵券、黃馬褂等，這些都是獲得皇帝寵信的特權象徵。

②節鉞多作為一種授權形式，通常是代行天子軍政職權的憑證與象徵。而丹書鐵券和黃馬褂，主要是作為獎賞性憑證，有的甚至可以抵免死刑。

47. 古人會給小孩取奇怪的小名？

古人有給孩子取小名的習慣，
諸如"阿貓"、"狗剩"、"牛娃"之類的小名，不勝枚舉。

古人為什麼要給孩子取這種奇怪的小名呢？

取小名的習俗，在秦漢時期就已經存在了。
有一種觀點認為，父母為了表達對孩子的寵愛，
會給孩子取小名，讓親人或朋友帶著愛意稱呼孩子。

但是更多的觀點認為，
古人之所以會給孩子取小名，源自於古人的迷信。

在古代農村，生活條件很差，嬰孩死亡率高。
古人認為這是妖魔作祟，是山裡的妖魔鬼怪把小孩抓走了。

他們認為妖怪不喜歡名字卑賤的孩子，
所以古代農村人故意給孩子取賤名做小名，
保護孩子免遭鬼神妒恨，健康成長。

更多冷知識

①通常古人會借用身邊的飛禽走獸、花鳥蟲魚的名字來替自家小孩取小名，這樣不僅好記，而且不容易被鬼怪認出來。

②目前全台灣共有 1,832 個姓氏，第一大姓是「陳」，前 2 至 10 名則分別為「林、黃、張、李、王、吳、劉、蔡、楊」。

48. 東西方的龍有何不同？

龍是傳說中的生物，作為十二生肖之一，想必你也不陌生。
西方沒有十二生肖的文化，但也有龍的傳說。東西方的龍又有何不同呢？

東方的龍有像蛇一般的身體，
背部沒有翅膀卻能在天空中飛翔，嘴巴的附近有長長的鬚。

而西方的龍長得更像是恐龍，
背部有翅膀，嘴部無鬚。

西方的龍充滿了暴力色彩且兇狠無比，
牠具有攻擊性，會掠奪人類的財產，奪走人間美麗的公主。

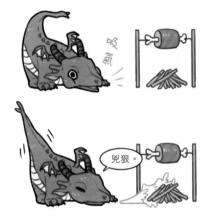

東方的龍則是和平的象徵。
龍在東方人的眼中是吉祥的化身，牠會為人們帶來好運和幸福。

在古代，人們會向龍祈求健康，
如果遇到乾旱季節，還會向龍祈雨。

更多冷知識

①在西方，龍一直是邪惡的象徵，因此西方跟龍相關的傳說都會出現屠龍戰士。同時西方的龍貪財，還會噴火攻擊。

②相傳東方龍的形體"九像九不像"：頭似牛，角似鹿，眼似蝦，耳似象，嘴似驢，腹似蛇，鱗似魚，爪似鳳，掌似虎。

49. 世界各地的有趣節日

告訴你一些世界各地的有趣節日。

番茄節

西班牙的番茄節被認為是世界上規模最大的番茄大戰。
每年的 8 月下旬，上千市民都會湧入街頭，相互丟擲番茄。

疊羅漢節

在西班牙還有一個有趣的節日叫疊羅漢節。
參加比賽的隊伍為了疊羅漢疊得更高，通常很早就會開始練習。
據說最厲害的隊伍竟然可以疊到 10 層樓那麼高。

猴子的盛宴

泰國有一個叫"猴子大餐節"的節日,
他們會請來當地約 600 隻猴子,為牠們準備豐盛的水果蔬菜大餐。

UFO 節

每年 7 月 4 日是美國新墨西哥州羅斯威爾的"UFO 節",
當地居民會打扮成外星人在街上狂歡一番。

更多冷知識

①印度的灑紅節是在每年 2、3 月舉行。人們相互潑灑五顏六色的粉末,以示喜慶和祝福。

②澳大利亞每年的 1 月 26 日是金槍魚折騰節,人們會把捕獲的最大的金槍魚拿出來投擲。

50. 世界各地的奇怪法律

一些地區的奇怪法規讓人意想不到。

位於澳大利亞東南部的維多利亞州，
禁止人們在週日的下午穿粉紅色的熱褲。

在英國，只要你是孕婦，那麼你在任何地方小便都是合法的。

同樣是在澳大利亞的維多利亞州，如果你家的燈泡壞了，
你是不可以親自更換的，
因為當地法律規定只有擁有電工執照的人才能換電燈泡。

在美國佛羅里達州，
星期四下午 6 點後，如果你在公共場所放屁就是違法的！

更多冷知識

①在美國阿拉巴馬州，法律規定星期天不允許玩多米諾骨牌遊戲。

②在孟加拉，超過 15 歲的小孩，如果期末考試作弊了會坐牢。

小劇場03

海蛞蝓的品種超過 3,000 種

▼

海蛞蝓又叫海兔，但牠既不是兔也不是蛞蝓，而是屬於貝類，生活在淺海。

海兔是雌雄同體的生物，在海底棲息。牠們是科學家發現的第一種可生成植物色素葉綠素的動物。

2cm~4cm

海蛞蝓通常只有 2~4 公分長。

目前全球有紀錄的海兔品種超過了 3,000 種。

名字奇怪的海兔們

橘皮多里斯

雪花石膏裸鰓亞目

波印底美灰翼海蛞蝓

裝飾法官海麒麟

猴與蕉

相遇

終於見面了，

我親愛的香蕉。

相惜

有沒有按時吃早餐啊？

告訴我，

你最近過得好嗎？

你一定要健康成長。

啾咪。

相愛

因為，

吃掉

這樣……

才比較好吃啊。

啊……

最早的香蕉果肉裡充滿種子？

人類在西元前 5,000 年就已經食用香蕉了。最初的香蕉果肉裡有很多籽。

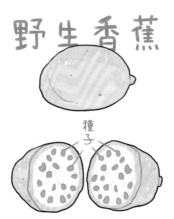

後來經過人類不斷培育，香蕉終於成為今天這樣籽少肉多的模樣。

如今的香蕉裡面仍然有不少籽，只不過十分微小。

奇思妙想

51. 人類不穿太空衣暴露在外太空，
還能活下來嗎？

人類在外太空不穿太空衣，還能活下來嗎？
答案當然是：不能！

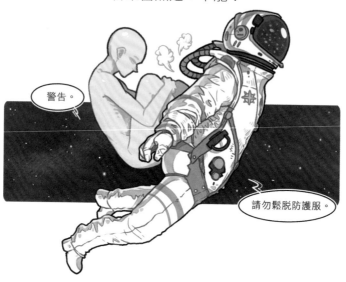

人直接暴露在太空中，不會瞬間失去意識，但也只能保持清醒 15 秒左右。
身體會利用體內循環系統中的最後一點氧氣來維持人體機能運作。

最多只能支撐大約兩分鐘，之後體內氧氣濃度下降到臨界值，
就會對身體造成永久性傷害，最終缺氧死亡。

太空衣不僅能提供太空人正常的大氣壓力和充足的氧氣，
還能維持適當的溫度和濕度。

若不穿太空衣或是太空衣有破損時，人體不會爆炸但會窒息而死。
而且因為氣壓太低會引起血液沸騰，
在失去意識前也會感覺到舌頭上的水在沸騰。

血液沸騰時，體內蒸發產生的氣體會讓人體膨脹成兩倍大，
不過人的皮膚具有很好的彈性和韌性，所以人體不會破裂或爆炸。

更多冷知識

①如果太空衣破裂，而太空人能夠在兩分鐘內被救入太空艙或修復好太空服，生還機率就高。

②沒有地球的大氣層與磁層的保護，太空人進入太空就會暴露在強烈的輻射下，這會傷害維持免疫系統運作的淋巴細胞，導致太空人免疫功能降低。

52. 第一個登上太空的動物 居然是一隻狗？

1957 年 11 月 3 日，一隻狗飛向了太空，
牠就是最早的動物"太空人"萊卡。

萊卡搭乘直徑 2 公尺的蘇聯人造衛星"史普尼克 2 號"進入地球軌道，
但是牠在升空的當天便光榮犧牲了。

1961 年，美國的科學家也讓一隻黑猩猩（哈姆）成功飛上了太空。
跟萊卡相比，哈姆的結果就要好多了，
牠不僅在太空旅行了一趟，而且還成功返回地球了。

返回地球後的哈姆回到了動物園，
繼續健康地生活了 17 年。

其實不管是狗還是猩猩，萊卡還是哈姆，
牠們都為人類的航太事業做出了巨大貢獻，
現在人類能在太空遨遊，也是多虧了這些動物。

但可惜的是，人類的航太英雄能夠名留青史，
這些做出貢獻的航太動物卻很少被人們記住。

希望大家能
記住牠們的名字

更多冷知識

①後來，包含老鼠、壁虎、沙鼠和蝸牛也被送入了太空進行長達一個月的太空飛行。在這個宇宙飛行生物艙裡，甚至還有微生物和植物。

②蘇聯的太空人尤里·阿列克謝耶維奇·加加林，是第一個進入太空的地球人。

53. 硬幣從高處墜落能砸死人嗎？

答案是：不會。

因為硬幣在落下的過程中會遇到氣流，減緩其下降的速度。

如果從 15 公尺的高度掉落，硬幣將以每小時 40 公里的速度下墜，
被擊中的人甚至不會感到疼痛。

如果沒有空氣的阻擋，硬幣掉落的速度便可達每小時 334 公里。
不過硬幣的形狀並不尖銳，並不會對人體產生多大的傷害。

事實上，美國物理學教授也做過實驗，結果顯示：
空氣阻力和硬幣的形狀這兩個條件阻止了硬幣成為致命武器。

然而，如果把硬幣換成圓珠筆，情況則大不相同。
圓珠筆要是以某些特定角度從高空掉下來砸到人，會很容易致人死亡。

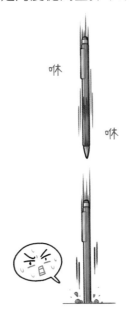

如果圓珠筆以筆尖與地面平行的角度掉下來，下面的人會相對安全；
如果像箭一樣筆尖垂直朝下掉落，速度可達每小時 321 公里，足以刺穿路面。

更多冷知識

從大樓住家往外亂丟東西傷害他人，能以傷害罪被提告；即使未傷及他人，環保局也能以廢棄物清理
法開罰。

54. 正常人一天的二氧化碳排出量是多少？

你有沒有想過，正常人一天呼吸所排放的二氧化碳有多少？

一個體重約 70 公斤、身體健康的成年人，
當他處於日常活動狀態時，每分鐘可吐出約 1 公升的二氧化碳。

一天下來，他可以排出 1,440 公升的二氧化碳。

以下用另一種方式來說明一般人一天當中排出的二氧化碳量有多驚人：

三棵成熟的大樹一天能夠吸收的二氧化碳量，
約等於一個人一天所呼出的二氧化碳量。

25 平方公尺大的草地，一天就能吸收一個人排出的全部二氧化碳量，
並供給他所需的氧氣。

更多冷知識

①科學家還發現，除了綠色植物吸收二氧化碳外，有些看起來不起眼的岩石也喜歡吸收二氧化碳。

②一片森林每生長 1 立方公尺樹木，可吸收大氣中的二氧化碳量約 850 公斤，大幅提升空氣品質，並減少溫室氣體及熱效應。

55. 人可以站著睡覺嗎？

你在站立時能睡得著嗎？

試試站著睡覺。

哇嗚。

人的膝蓋關節並非固定不能動的組織，如果像木頭一樣站著睡覺，最終會因為腿部肌肉酸痛而摔倒在地，所以人無法站著入睡。

雖然人在不借助外力的情況下是不可能站著睡覺，
但坐著是可以睡著的。

睡覺是大自然生物的本能活動。

動物，甚至是植物，都需要借助睡眠來休息。

人類雖然做不到站著睡覺，但動物中可以站立睡覺的不在少數。
例如馬、非洲象和紅鶴等，都可以站著睡覺。

更多冷知識

①鷗鴿在睡覺時總是幾隻擠在一起，頭朝周邊成一個圓。這樣無論危險來自哪個方向，牠們總是能準確並及時地發現。

②海豚是大腦兩個半球輪流睡覺，加上魚類眼瞼不發達，眼睛無法閉合。所以即使是睡覺，海豚也是睜開眼睛的。

56. 馬鈴薯是一種改變世界的食物？

馬鈴薯是一種普通、常見，便宜的糧食作物。

從歷史上看，馬鈴薯因為養活了眾多的人而改變了整個世界。
馬鈴薯的影響力為什麼這麼大呢？

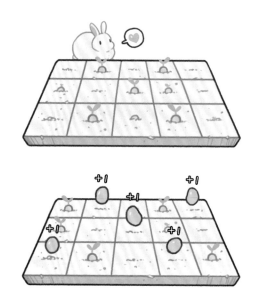

馬鈴薯的原產地是南美洲的安第斯山區，新航路的拓荒者把它帶到了歐洲，
隨後便傳播到世界各地，成為全球五大農作物之一。

馬鈴薯的重要性在於它養活了許多人，其單位產量是穀物的 3 到 4 倍，
因而它能夠代替穀物滿足人類不斷增長的食物需求。
平均一畝馬鈴薯田就可以養活一家人！

人類食用馬鈴薯後，對健康也有顯著的影響，更提升了勞動力，
緩解因饑荒造成的人數下降。

馬鈴薯對人類的生活和生產力來說，實在影響深遠。

57. 黑猩猩的記憶力比人類更好？

從專家研究報告顯示，黑猩猩的認知能力也許不如人類，
但在某些環境下，黑猩猩的短暫記憶力卻可能比人類還強大。

科學家曾做過這樣的實驗：
在螢幕不同位置同時出現 9 個數字，數字瞬間消失後由白色方塊代替。
然後讓黑猩猩將這 9 個數字依序從小到大指出位置。

實驗的結果證實：
黑猩猩只要看一眼電腦上出現的數字之後就能記住它，
這種短暫的記憶力遠遠超過了成年人。

這也推翻了科學界普遍認知的"人類所有認知能力均優於黑猩猩"的推論。

這種短暫的記憶能力能夠幫助黑猩猩在森林裡快速找到水果，
有效提高其在野外的存活率。

人類和類人猿也可能曾經具備這種能力，
後來在進化中逐漸喪失了這些原有能力。
有可能是因為被人類學習的其他技能所取代，比如用語言溝通的能力。

更多冷知識

①遺傳學已將猩猩科與人科合併，黑猩猩在生物學分類中屬於靈長目人科生物。

②猩猩在開心時會打嗝，如果有猩猩在你面前打嗝的話，代表牠玩得很開心。

58. 爲什麼大多數動物都只有一個腦袋？

你有想過為什麼大多數的動物都只有一個腦袋嗎？

因為雙頭或者更多頭是不利於動物生存的。

凡是有大腦的物種，決策中心基本上都在大腦，大腦具有 "總司令" 的作用。
假如一個動物擁有兩個頭會怎樣？

兩個"總司令"若是不能對每一件事快速達成一致的意見，
會讓身體做出的反應和行為變得亂七八糟。

在危險、緊張的環境中，很容易出現兩個腦袋爭奪身體控制權的情況，
不利於躲避、逃跑，大大增加雙頭動物致死的機率。

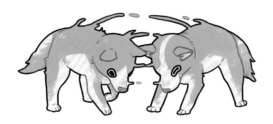

動物只長一個頭，這是自然選擇下的最優結果。

更多冷知識

① 2012 年新版的《金氏世界紀錄》確認美國麻塞諸塞州伍斯特的一隻 12 歲小貓為世界上存活時間最長的雙頭貓。

② 2008 年 7 月，美國喬治亞州埃弗雷特發現了一隻罕見畸形小鹿，竟長著 6 條腿、2 條尾巴。

59. 橘貓真的是"易胖體質"嗎?

愛貓的人總是喜歡說"十個橘貓九個胖",
但橘貓真的是"易胖體質"嗎?

橘貓常常給人一種愛吃易胖、需要控制食量的印象,
而且網路上的橘貓圖片大多是胖胖的形象。

其實,橘貓易胖——是謠言!

人類認為橘貓易胖，是屬於心理學上的"倖存者偏差"，
這指的是同一類事情中，過度關注自己喜歡的、感興趣的，
而忽略了其他同時存在的情況，導致產生錯誤結論，
這是一種常見的邏輯錯誤。

網路上流傳度高的橘貓照片大多是可愛的大胖貓，
體形普通的橘貓可能因為不夠有"特色"而很少被人關注，
所以才會給人橘貓都很胖的印象。

不要再說人家胖了

從科學的角度上來看，科學家們並沒有在橘貓身上找到導致易胖的基因，
所以，認為橘貓易胖是沒有科學依據的。

更多冷知識

①拉布拉多犬比別的狗更容易胖，因為牠們體內有肥胖和食欲相關的遺傳性基因，這會使牠們更愛吃東西。

②寵物也需要控制體重，因為肥胖會讓牠們的內臟承受極大壓力，積聚的脂肪甚至會壓迫體內的內臟器官，影響其正常運作。

60.糞金龜最愛哪一種糞便？

糞金龜學名叫蜣螂，牠是一種以動物糞便為食的中大型昆蟲。

國外有一個科學研究團隊對居住在北美大平原上的糞金龜產生了興趣，
他們想知道糞金龜最愛的是哪一種糞便。

他們利用陷阱捕獲了 15 種不同類型、共 9,089 隻糞金龜，
然後在牠們面前擺放各種動物的糞便，
觀察並分析哪一種糞便對糞金龜更具有吸引力。

研究報告顯示，雜食動物的糞便，
尤其是人類和黑猩猩的糞便，最受糞金龜喜愛。

科學家們認為，這很有可能是因為雜食動物的糞便氣味更加濃厚。
比如黑猩猩的糞便就讓糞金龜"垂涎三尺"。

更多冷知識

①糞金龜不僅僅會滾糞球，還會挖掘隧道儲存糞便，甚至住在糞堆裡。

②根據美國亞利桑那州立大學的研究資料，德克薩斯州內 80% 的牛糞是被糞金龜埋掉的。

61. 真的有可以飛的魚嗎？

飛行並不是鳥類和昆蟲才具有的能力。

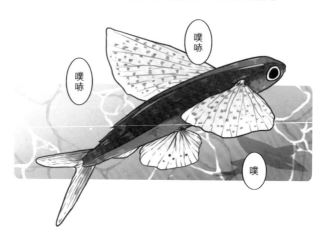

世界上有一種魚也擁有這樣的本領，
牠就是長著翼狀胸鰭的飛魚。

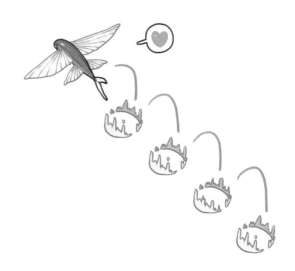

飛魚以善 "飛" 而得名，牠能在水面上像打水漂一樣 "飛行" 400 多公尺，
也是世界上飛得最遠的魚。

飛魚一般不會輕易躍出水面，
只有在水中遭到獵食者追擊時才會施展 "飛翔" 本領。

雖然 "飛翔" 能使牠擺脫海裡獵食者的追逐，但衝出水面後，
牠也可能被空中飛翔的海鳥捕獲，或是撞在礁石上而喪生。
看來，用飛行技能逃生不是絕對可靠的……

更多冷知識

①飛魚共有 50 多種，遍布於全世界的溫暖水域，其中生活在太平洋海域的飛魚種類最多。牠的主要食物是細小的浮游生物。

②飛魚有趨光性，夜晚若在船甲板上掛一盞燈，成群的飛魚就會尋光而來。

62. 看恐怖電影真的可以減肥嗎？

有一個研究證明，看恐怖電影真的可以減肥！

看恐怖片減肥的原理是：
被恐怖片刺激可以加速身體卡路里的燃燒，加速脂肪分解。

經研究實驗證明，看完一部恐怖片後可以消耗 184 卡路里，
相當於步行了 40 分鐘。

當然，減肥有很多方法，不一定非得選擇去看恐怖電影，
那些害怕看恐怖電影的人還是不要輕易嘗試了。

如何科學減肥？主要是合理地控制飲食，
同時根據自身身體情況，選擇適合的運動來鍛煉身體。

更多冷知識

①有研究指出，恐懼和緊張感會加速體內白血球活動，進而限制病毒傳播，降低感染疾病的風險。

②最好的減肥方法就是控制飲食和勤做運動。減肥成功後，逐漸恢復正常飲食才能不容易復胖。

63. 在北極生活還需要用冰箱嗎？

商業界有一則有名的故事，一位在電器公司工作的員工，
突發奇想說要將冰箱賣給在北極生活的因紐特人。

同事們都嘲笑他：如果因紐特人想要冷凍食物，
直接將食物放到屋子外面就可以了，可能比冰箱的速凍效果還要好。

聽著似乎很有道理，但這個員工對他的同事說：
"在北極生活的人，吃的都是冰凍得像石頭一樣硬的食物，
要是有了冰箱，他們不就能吃到保鮮且柔軟的食物了嗎？"

他說完這番話後，同事們都閉上了嘴不再反駁。

後來，因紐特人很開心地使用冰箱，
他們也從此告別冷凍得硬邦邦的食物。

而如今冰箱也成了因紐特人的生活必需品了。

①因紐特人居住的屋子有木屋、石屋、冰屋。只有少部分生活在極寒地帶的因紐特人會住在冰屋。

②因紐特人的傳統生活方式是捕獵，有時會生吃剛捕到的還帶著體溫的獵物。

64. 古埃及人爲什麼會崇拜貓？

如果有時光機可以帶現代人穿越到古埃及，
你會在埃及雄偉壯麗的神廟中發現一樣意想不到的東西——貓木乃伊。

古埃及人爲何崇拜貓，還要把貓做成木乃伊當作神靈來供奉？

其中有一種說法是關於古埃及人崇拜的一位女神，她的名字是貓神貝斯特。
貝斯特常常以野貓和獅子的形態出現，她象徵的是太陽的溫度、豐收和健康。
因此貓神貝斯特便成爲了古埃及人家中非常重要的供奉神祇。

另一種說法是，古代的醫療技術相對落後，
鼠疫在當時是高傳染度和高致死率的傳染性疾病。

這時會抓老鼠的貓就很有用了，
就像是貓神貝斯特的化身一樣，貓也把帶來疾病的老鼠趕走。

此外，古埃及人生活的地方多是沙漠，沙漠中最危險的動物當然是眼鏡蛇了。
而貓還可以捕蛇，保護人們遠離毒蛇的傷害，
所以古埃及人才會這麼崇拜貓。

更多冷知識

①相傳貓神貝斯特最初是以獅子的形象出現，
後來變成貓，守護著古埃及人。遇到外人入侵
時，她就會再次化身為獅子，抵擋侵略者。

②在埃及，人們最喜歡的顏色是綠色、紅色和
橙色，忌諱藍色和黃色。因為他們認為藍色象
徵惡魔，黃色則象徵不幸。

65. 含輻射物品就在我們生活中？

隨著科技發展，人類學會了利用輻射，也十分關注輻射對生活的影響。
原子彈、微波爐等都是眾所周知能產生輻射能量的東西。

而你可能不知道，我們的生活中某些常見的物品也具有放射性物質。

香菸

許多香菸中都含有少量放射性物質，
這些化學物質的沉積物會在重度吸煙者的器官中大量累積。

巴西堅果是一種帶有放射性的食物，產生放射性的原因很簡單：

巴西堅果

因為巴西堅果的樹根向下長得很深，
以至於它們吸收了地下大量自然產生的鐳，而鐳是帶有強放射性的元素。

花崗岩

花崗岩中含有許多有色金屬礦產和少量放射性元素，
如果其中的放射性元素鈾和氡含量超標的話，就會對人體有害。

66. 飛機的 "天敵" 竟然是小鳥？

機場建設除了考慮各種必要的設施外，
還要注意一件事，那就是機場附近是否有大批鳥群出沒，
因為鳥類是飛機名副其實的 "天敵"。

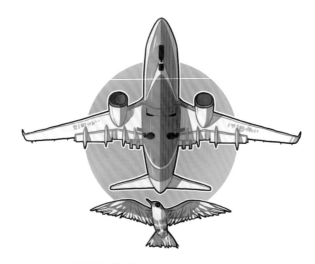

某國家的統計資料就顯示，
因飛機和鳥相撞所引起 "破壞性鳥撞事件"，每年平均就有 350 起以上。

由於相對速度快，鳥對於噴氣式飛機的威脅，
其一可能是來自於牠直接碰撞到飛機的機身。
嚴重的直接撞擊雖然很少見，但碰撞同樣會為高速飛行帶來極大的危險。

另一種可能是，由於噴氣式飛機的發動機要從周圍吸進大量的空氣才能運作，
因此發動機的進氣口都很大。如果飛鳥正好在發動機附近飛行，
便會與空氣一起被吸進發動機裡去。

這種情況會嚴重影響發動機的運作，
甚至讓發動機完全無法動作，飛機也會喪失前進的動力。

更多冷知識

①曾經有一架以 600 公里時速飛行的戰鬥機在空中與一隻飛雁相撞。結果這隻飛雁居然"破窗而入"，把飛行員撞昏。

②為了對付飛鳥，保障飛機起飛和降落的安全，機場驅鳥員會用各種辦法驅趕機場附近的鳥。其中最常見的是用煤氣炮把鳥嚇跑。

67. 從地球的一端到另一端
要多長時間？

讓我們繼續動動腦，
假如人類能克服所有困難成功打穿地球跳進去，會發生什麼事？

有科學家進行了相關的分析，人跳入地球後會受到萬有引力影響，
一直加速落下直到地球中心點。

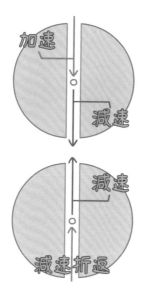

然後又因為引力減速逐漸到達地球另一端，
之後又會被引力吸引加速朝著地心折返，不斷重複此動作。

簡單來說，就是人會從地球的一端到達另一端，
如果在洞口沒有人拉一把的話，這個人將會重新掉回洞裡，
一直重複做加速減速的往返運動。

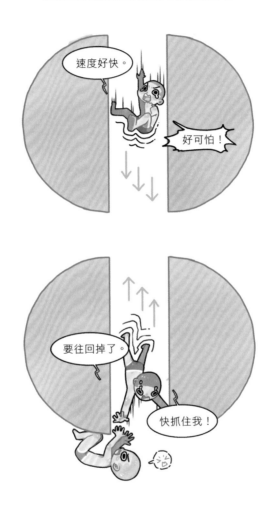

經過科學計算，
人跳進去從地球的一端到達另一端，單趟大約需要 42 分鐘。

更多冷知識

①當人跳進這個洞，在地心引力的作用下，人的落下速度會越來越快，最大的速度將會高達每小時 35,000 公里。

②在離地底約 100 公里處，地球內部的溫度已達 1400℃，而在地心更達到 6000℃以上。

68. 如果地球引力消失五秒會怎樣？

引力可以將不同的物體拉向彼此。
物體的質量越大，引力就越強。

也正是由於地球引力（重力）的存在，我們才能站在地面上行走，
羽毛和書本等物體才能落在地面上。

如果地球的引力突然全部消失，可不單單只是讓人和物品飄起來而已。
因為地球自轉沒有停止，
人類和一切有形的物體都會在引力消失的瞬間開始飛快地翻滾。

失去引力後的兩秒間，
水和大氣也無法繼續停留在地球表面，會快速向外散開。

地球的大氣層散到太空中，這意味著空氣壓力將大幅改變，
會導致地球上所有動物的內耳立即破裂，
任何液體都會蒸發到太空中，大部分生物會立即死亡。

以上情況發生的時間可能不到五秒鐘，
但五秒過後引力重新出現的時候，地球早已經物是人非，
只有少數生命能存活下來。

更多冷知識

①人類究竟能適應多大的重力？世界上最強壯的人在靜止狀態下大概能接受超過地球重力 90 倍的壓力。

②月球的重力只有地球的六分之一，所以人在月球上輕輕一跳就能高達五公尺了。

69. 如果月球消失了，地球會怎樣？

月球對於地球生態系統至關重要，
如果月球突然消失，會發生什麼事？

月球的存在能幫助地球形成穩定氣候，
如果月球消失了，地球的氣候會變得不穩定，區域性溫度將變得極端。

沒有月球，海洋潮汐漲落速度將顯著變慢，
變為大約是目前潮汐波動的三分之一，
地球的海洋生態系統也會隨之發生變化。

掠食性動物如貓頭鷹、獅子等，
牠們在夜間依靠月光進行捕獵，一旦月球消失，牠們就很難在夜間捕獵了。

相反地，擅長在夜晚活動的齧齒類動物，當月光較強時牠們會躲藏起來。
如果月球消失，牠們的夜行活動就會變得肆無忌憚，數量也會迅速增多，
地球生態體系將會變的一片混亂。

更多冷知識

①沒有月球引力作用"穩定"地球，地軸斜角
很可能隨著時間的變遷而發生顯著變化。地球
可能會傾斜得更屬害，導致幾乎不再有季節變
換。

②前蘇聯曾經有極端的科學家考慮用核子武器
摧毀月球，因為他們認為月球是地球許多自然
災害的禍源。

70. 如果太陽消失了，會發生什麼事？

假設太陽突然消失了，你能想像會發生什麼事嗎？

由於太陽光照射到地球上大約需要八分鐘左右，
如果太陽消失了，地球會在八分鐘之後失去陽光的照射，變得一片漆黑。

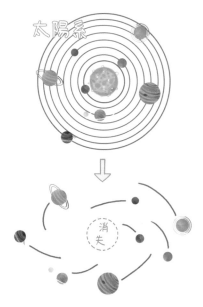

同一時間，整個太陽系的星體也會因為失去太陽引力的束縛，
以拋物線形式向太陽系外飛出去。

太陽消失後的地球會開始降溫，大約在一週後，
地球的平均溫度將降到零度以下，這段期間便會有大批動物死亡。

但是人類有衣服和暖氣等可以保暖，
食物儲備也不少，因此仍然可以生存一段時間。

但是一個月之後，地球平均溫度會降到零下50℃，地球逐漸變成一個冰球。
如果人類依然存在，那肯定是躲在地下，徹底成為"地底人"。

更多冷知識

①太陽消失後，如果人類用核電站提供能量在一個封閉的基地中生活，模擬太陽光照培養綠色植物，那麼我們就可以在裡面長久地生活。

②如果人類在能源技術上有所突破，比如掌握了核聚變（太陽就是透過原子核的核聚變產生能量）控制技術，人類或許就可以在太陽消失後長久地生活下去了。

小劇場05

住在太空站的太空人吃什麼食物？

▼

你知道在太空站執行任務的太空人都吃什麼樣的太空食品嗎？

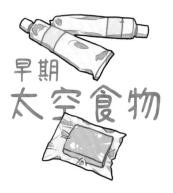

最早的太空食品為了方便太空人進食，會做成牙膏管狀的流食或者一口一塊的壓縮食品。

紅燒牛肉飯

經過科學家們不斷地改良，現在的太空食品類型和種類已經接近地面的飲食了。

美猩猩太空人

美猩猩，

太空人，

變身！

登

場

……

動（食）物木乃伊

考古學家在古埃及除了發現被當作神靈供奉的貓木乃伊之外，還發現了其他的動物木乃伊。

……

例如，鴨木乃伊

嘎嘎嘎！

還有鵝木乃伊

大鵝重生

不過，

食物……

它們都是祭祀用的"食物木乃伊"。

爲什麼會有動物木乃伊？

▼

古埃及人將動物製成木乃伊，是爲了在往生途中給已逝者作伴。

……

"動物木乃伊"

還有一些動物被製成木乃伊，是因爲牠們被古埃及人視爲是某種神靈的化身。

"貓神"

動物木乃伊在1888年被發現，當時未能引起考古學家的重視，因此大多被毀壞了。

包羅萬象

71. 怎樣幫已經沒電的 乾電池 "手動充電"？

不能用的乾電池，
只需要花點工夫，就能再現 "生機"。

只要把乾電池放在手、腳或衣物上，專心摩擦一段時間即可。

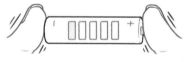

用這種方式 "復活" 的電池，甚至可以讓一個鬧鐘再走兩個星期！

電池的原理，本來就是憑藉化學反應產生電流。

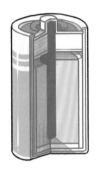

乾電池內部結構

有時候看起來似乎沒電了，
其實內部還殘留有許多尚未充分化學反應的成分。

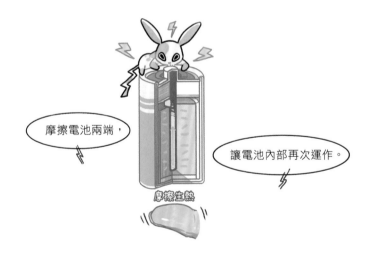

摩擦電池兩端，

讓電池內部再次運作。

摩擦生熱

因此，只要摩擦片刻，讓摩擦產生的熱溫暖電池的內部，
就能幫助電池內殘餘的成分順利產生化學反應。

更多冷知識

①電池的發明，其實是來自於一次青蛙的解剖實驗。

②事實上鹼性電池還是可以充電的，而且最多可以充電幾十次。但是基於安全考量，還是請打消這個念頭。

72. 充電器不拔也會耗電嗎？

在充電器充飽電後，很多人都習慣只拿走電器，忽略還沒拔掉的充電器。
充電器不拔掉，會不會繼續耗電？

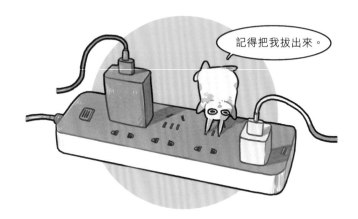

大多數手機的充電器都是屬於開關電源，先把交流電轉換成直流電，
然後透過高頻變換，經過脈衝變壓器耦合，單向整流輸出低壓直流。

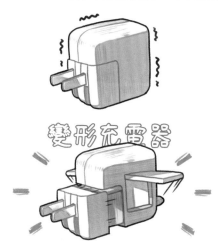

有研究發現，一個未拔出的充電器，
每天消耗 0.07 度電，一年會消耗 25.6 度電。

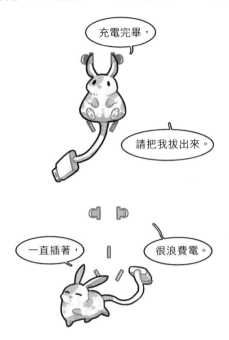

長時間不拔充電器，充電器會老化、發熱，線圈的絕緣層也會逐漸融化，
可能還會引起短路、爆炸或觸電等事故發生。

長期不拔充電器
會有安全疑慮

所以，最好在充電完成後拔掉充電器，
這是一個既安全又環保的好習慣。

更多冷知識

①萬一家用電器著火，一定要先切斷電源開關再滅火！

②空調、電視等家用電器在沒有拔下電源插頭的時候，其實也在耗電，只不過耗電量很小。

73. 原子彈爆炸後為什麼會有蘑菇雲？

蘑菇雲指的是因為爆炸而產生的強大爆炸雲，
"雲" 裡面可能有濃煙、火焰和雜物。

根據推算，原子彈爆炸時釋放的巨大能量，
可以在爆炸中心區產生數千萬攝氏度的高溫與幾十億個大氣壓的壓力。

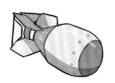

高溫高壓迅速影響周圍的空氣，大約在二萬分之一秒的時間內，
就能使周圍的空氣升溫膨脹，並且讓空氣快速上升。

上衝時的巨大能量，
會將地面的石頭、碎片、粉塵等物質顆粒推到高空形成 "蘑菇莖"。

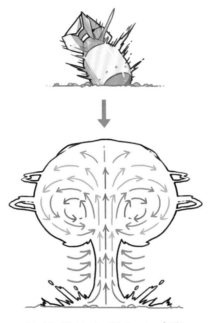

熱氣團往水平方向擴散
形成蘑菇狀

熱氣團在上升過程中與周圍低溫的空氣接觸，當中心溫度降到與
周圍的溫度一致後，熱氣團便會往水平方向擴散，形成 "蘑菇頂"。

威力夠大的爆炸
也能形成蘑菇雲

不是只有核爆炸時才會出現蘑菇雲，
只要有足夠的能量爆炸或燃燒就會產生同樣的效果。
一些火山噴發和撞擊事件也能產生自然蘑菇雲。

更多冷知識

①原子彈最初是由愛因斯坦提出理論，之後美國的物理科學家於 1945 年製造出了世界上第一枚原子彈。

②氫彈又稱熱核彈，氫彈的威力比原子彈大得多，其威力小則幾十萬噸 TNT 當量，大至幾千萬噸。

74.微中子爲什麼被稱爲 "宇宙隱形人"？

微中子也是輕子的一種，是組成自然界的最基本的粒子之一，
科學界從預言它的存在到發現它，花了 20 多年的時間。

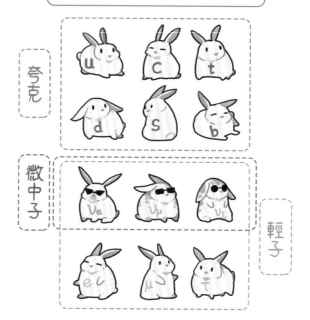

微中子有三種，品質都非常小，以接近光速的速度運動。

它不帶電，與其他物質的相互作用十分微弱，
不受電磁場作用，但是在自然界中廣泛存在。

它與原子核和電子都不發生相互作用，難以捕捉和探測，
因此微中子被稱為"宇宙隱形人"。

另外，它還被稱為"幽靈粒子"，
因為它能自由穿越幾乎所有物質，包括自由穿越我們的身體。

或許從微中子的角度看來，
宇宙中所有的恆星、行星等也都是隱形的，可自由穿越。

更多冷知識

①微中子的意思可以理解成"一種中性的、微小的粒子"。

②一開始科學家認為微中子是根本沒有質量的，後來發現其實是有質量的，只是質量非常非常小。

75. 反物質是我們已知最恐怖的物質？

反物質是英國物理學家保羅·狄拉克率先提出的，
他在 1928 年預言，每一種粒子都有一個與之相對應的反粒子。

我們接觸的一切有生命或無生命的物質，都是正物質，
如果它們接觸到反物質，就會突然消失了，
也可以說，反物質是我們這個世界最恐怖的物質。

正物質　反物質

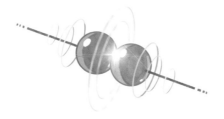

相遇後釋放能量

無論是大如太陽或小如沙子的正反物質相遇，
都會互相抵銷，在瞬間釋放出巨大能量，然後消失。

這個消滅的過程就是一場大爆炸，
是驚天動地地消失，而不是靜悄悄地消失。

我們會遇到反物質嗎？請不用擔心，
反物質無法在自然界找到，除非是稍縱即逝的少量存在
（例如因放射衰變或宇宙射線等現象而產生）。

更多冷知識

①有科學家猜測，宇宙中可能存在反物質世界。
如果正物質世界與反物質世界相撞，就會發生
大滅亡。

②當 1 克反物質與 1 克正物質碰撞時，會產生
約 4.3 萬噸 TNT 炸藥的爆炸能量，相當於 3.3
顆廣島原子彈的威力。

76. 物質除了固、液、氣之外，
還有其他形態嗎？

自然界中，所有的物體都是由基本粒子構成的。
當大量微觀粒子在一定的壓力和溫度下相互聚集為一種穩定的狀態時，
就叫作"物質的一種狀態"，簡稱為物態。

在日常生活中，
我們很容易能分辨出哪些是固體、哪些是液體、哪些是氣體。

事實上，已發現的物質形態有十種以上，
而且這個數字還在不斷地增加中。

除了固態、液態、氣態，
物質還有以下三種常見的形態：

進一步從物質的內部結構去思考的話，物態可遠不止以上提到的幾種，
例如非晶質固態、簡併態、中子態、超導態和超流態等等。

更多冷知識

①在宇宙中存在著比超固態密度更大的物質狀態，例如組成中子星的中子態，還有密度更高的超子態、反常中子態、黑洞等等。

②由於反粒子，如反質子、反電子等都已被發現，有人預測在宇宙中會存在著全部由反粒子構成的反物質世界，但還沒有證據可證實。

77. 學會使用火對人類有什麼意義？

目前為止，在所有動物當中，只有人類學會使用火。

學會使用火對人類有很多好處，
主要有以下這三點：

①取暖

學會取暖大大提升了人類適應環境的能力，擴大了生存範圍。

②驅趕野獸

野獸通常都很怕火，
利用火來驅趕野獸大大提高了人類在野外的存活率。

③烹飪食物

熟食可以大幅增加人體從食物中吸收的營養，容易吃飽，進而減少狩獵時間，
增加社交時間，同時提高工具改進和藝術發展的可能性。

當然，人類能發展到今天是複雜的多種因素綜合作用的結果，
而學會使用火是其中一個極為重要的因素。

更多冷知識

①人類進化歷史上也有達到跟我們差不多智慧水準的原始人，但是他們在大約 4 萬年前滅絕了，他們就是尼安德特人。

②"如果地球上的所有其他生命都被我們消滅，細菌和其他單細胞生物可能仍繼續存在。"——史蒂芬·霍金。

78. 手機的出現帶來了什麼心理影響？

手機的出現改變了人們生活的樣貌，
無論是在工作、學習、旅遊...都有很大的影響。

不過，手機的出現也影響了心理層面。

"錯失恐懼症"

社群軟體越來越多，不斷傳來各種訊息，
我們唯恐錯過了別人發來的資訊，養成經常打開手機看的習慣，
哪怕根本沒收到新訊息。

"震動幻覺症"

手機的震動模式，有訊息時就會響一下或者震動一下，
有些人會產生手機響了或震動了的幻覺。

"手機依賴症"

最大的問題莫過於"手機成癮症"。
手機彷彿就像是另一個"器官"，
有時候就算忘了帶鑰匙、錢包，也絕不會忘了帶手機……

除了這些心理影響，手機還導致了一些生理疾病，
比如長期使用手機導致的頸椎問題、視力下降等。

更多冷知識

①研究發現，網路成癮會對大腦神經造成傷害，所以人們還是不要過分依賴網路才好。

②台灣使用率最高的前五項網路服務項目中，使用通訊服務的比例高達九成，其次為網路新聞。

79. 未來人類能 "製造" 出新的生物嗎？

科學家在研究人類 DNA 的同時，也會研究其他生物的 DNA。

到 2050 年，人類將會完成上千種生物的遺傳物質研究，
研究結果都會儲存到電腦中，以便日後能快速尋找有用的基因。

一種生物的基因通常可以用於完全不同的另一種生物，
比如透過基因編輯可將一種植物的基因植入到一條魚中。

因此，任何一種生物，不管是植物還是動物，
只要有基因就能進行基因編輯。

有價值的基因可以植入到另一種生物中，使其產生新的特性。
未來人類可透過這種方式影響生物的構造，
甚至按照自身的需求改變細菌、植物和動物的特性。

在可預見的未來，科學家也許還能量身定做 DNA 來研製出新的生物。

更多冷知識

①人類的 DNA 並不是全部都保有遺傳訊息，大部分 DNA 裡什麼遺傳訊息都沒有。

②科學家透過儀器的測量統計發現，人與人之間的基因有 99.99% 是相同的，每個人的差異性僅表現在那 0.01%。

80. 人工智慧什麼時候會搶走 你的 "飯碗" ?

來自牛津大學人類未來研究所的研究小組以"人工智慧何時超越人類"為題，
發佈了一篇研究報告。

關於人工智慧將在哪些領域具備哪些技能，甚至何時超越人類，
研究小組在該報告中提出了以下報告：

2031年
機器人能在零售業工作

2053年
機器人能成為一名外科醫生

報告還指出，在 45 年內，
人工智慧將取代 50% 的人類工作，也就是會有一半人類的 "飯碗" 被搶走。
而在 120 年內，所有人類的工作都可以被機器取代。

更多冷知識

①截至目前為止，發展中的人工智慧已經開始涉及藝術領域，你能在網路上找到人工智慧創作的畫作、編曲和詩詞。

②日本橫濱的鋼彈工廠正在建造一個巨型智慧型機器人，它同時也是目前世界上最大的智慧型機器人。

81. 機械器官移植可以讓人長生不老嗎？

目前有很多機械輔助工具能代替失去功能的人體器官，
例如科學家發明的機械心臟，能長時間代替心臟病患者的心臟工作。

未來若能製造出人體需要的機械器官或肢體，
殘疾人士就能恢復正常生活、行動自如。

或者，用鏡頭代替眼睛，
失明者亦能重見光明，甚至在漆黑的夜晚也能看清楚東西。

等到那一天，人類就會成為能夠自主調節的人機系統，
意思是人和機器的混合體，也稱作生化人。

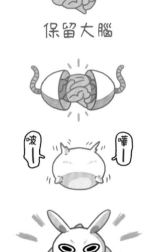

保留大腦

生化人

如果繼續發揮想像力，整個人體除了大腦外都能更換，
把機器的力量和人類的智慧結合在一起，
人類就能突破肉體的界限。

未來的生化人，

可突破肉體界限。

生化人可以在一定的條件下生活幾百年，甚至得以永生。

更多冷知識

①製造機械器官比複製生物器官更難，例如，在肝臟中有著上千種化學反應，沒人知道機械肝臟如何能夠實現所有的反應。

②人類通常會受困於情緒，而機器人永遠只知道邏輯。

82. 顏色其實是“有重量”的？

如果有三個大小相同的箱子，一個白色、一個黃色、一個黑色，
你會覺得哪一個最重，哪一個最輕呢？

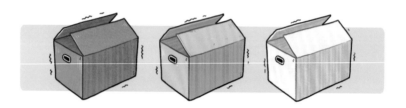

直覺告訴你哪個箱子最重？

你的答案可能是：黑色的最重、黃色次之、白色的最輕。
可實際上它們的重量是相等的。

當然，顏色本身是沒有重量的，
只是有的顏色使人感覺物體重，有的顏色使人感覺物體輕。

曾經有人透過實驗對顏色與人的心理的重量感進行了研究。

結果發現黑色的物品與白色的物品相比，前者看上去要比後者重 1.8 倍。

顏色的明亮程度不同
重量感也不同

相同的顏色，色彩的明亮程度不同，也會給人不同重量的感覺。
明亮度低的顏色比明亮度高的顏色感覺重，
例如，紅色物體就比粉紅色物體看起來更重。

更多冷知識

①顏色也會讓人有時間長短的感受。人看著紅色會感覺主觀時間比實際時間長，而看著藍色則感覺主觀時間比實際時間短。

①如果想讓自己在公開場合中受人注目，可以攜帶一樣紅色的小飾品，這樣就能引人注意了。

83. 心情不好時應該吃甜的還是吃辣的？

心情不好的時候，很多人都喜歡吃一點甜食，
也有人說應該吃辣的食物。

想要從低落的情緒裡走出來，應該吃甜的還是吃辣的呢？

當你心煩意亂或是心力交瘁的時候，腦部最需要的就是糖分，
所以它會告訴你：去吃點甜食吧！

甜食中的糖分進入人體後會發生化學反應，
進而產生大量的多巴胺，多巴胺可以傳遞幸福感及開心感。

而當我們吃到辣椒的時候，味蕾會感受到刺激，產生疼痛感。
為了緩解這種疼痛，大腦就會分泌腦內啡，這種物質除了可以壓抑疼痛，
還能讓我們感受快樂、緩解壓力。

所以，心情不好的時候，
吃甜食或者吃辣的食物，同樣能讓我們感受到快樂！
不過為了健康，都要適量喔。

更多冷知識

①身體吸收太多糖分，除了肉眼可見的體重上升和皮膚變差之外，還會增加罹患糖尿病、高血壓、心臟病，甚至多種癌症的風險。

②另外有研究顯示，攝入過多的糖分會導致記憶能力和學習能力下降。

84. 如何克服"萬惡"的拖延症？

拖延症可能是每個人都會遇到的心理狀態，
要到最後一刻了，才有動力去完成事情。

偶爾拖延可能只會耽誤一些事情，
但如果成為一種長期的狀態則可能會影響生活和健康。

"再等一下吧"，甚至自我安慰"明天再做或許能做得更好"，
拖延症其實就是自我調節失敗。

告訴你一個戰勝拖延症的方法：5秒法則。

當你有了目標和行動的想法時，休息片刻，
然後倒數 5、4、3、2、1，立刻動起來！

這種倒數的 "儀式感" 能夠給予我們行動力，
把拖延拋在腦後，然後立刻投入到學習、工作中。
真的有效喔！

更多冷知識

①時而偷懶無可厚非，但如果習慣懶惰，這可能已經影響一個人的性格。一旦被惰性長期控制，遇事的第一反應就是放棄或逃避。

②拖延是一種普遍存在的現象，某調查顯示大約有 75% 的大學生認為自己是偶爾拖延，50% 的人則認為自己總是有拖延問題。

85. 有種恐懼症叫"巨物恐懼症"？

除了我們常常聽到的密集恐懼症和社交恐懼症之外，
還有一種恐懼症叫巨物恐懼症。

有巨物恐懼症的人見到巨大的物體，例如輪船、飛機甚至是大雲團，
都會讓腎上腺素分泌增加。

它與恐懼情緒有相同的生物化學反射作用，
會使人出現頭皮發麻、心跳加速，
甚至出現眩暈、嘔吐、抽搐等症狀。

巨物恐懼症患者可能會把一些平常的龐大物品看作大怪獸，
如果盯著巨物看太久，還會從物品上看出臉來……

這種恐懼來自於原始人類對比自己體型大很多的動物所產生的恐懼心理，
是一種自我保護機制，產生讓我們遠離危險的保護信號。

更多冷知識

①嚴重的巨物恐懼症會讓人非常害怕巨大的東西，看見輪船、飛機或是高樓大廈都有可能感到暈眩。

②另外，雖然知道巨大物體會讓自己害怕，卻忍不住看各種巨物圖片來折磨自己，這也是巨物恐懼症的另一種常見特徵。

小劇場07

智慧型機器人的自我升級

人工智慧發展的預計時間表

▼

人工智慧的發展階段可分為弱、強、超人工智慧三種。

"弱人工智慧"
▲

"強人工智慧"
▲

目前弱人工智慧已普及到我們日常生活中。科學家預計強人工智慧出現的年份會是2040年。

"超人工智慧"
▲

從弱人工智慧到強人工智慧也許要花費三、四十年時間，但強人工智慧到超人工智慧的發展速度會更快。

量產型企鵝智慧型機器人

當強人工智慧擁有可自我改進的程式，透過自主學習和自主修改代碼便可實現自我升級。

我要開始自我升級，

升級成超人工智慧！

升級成為移動電源……

太好了，

及時充上電。

生化機器兔

請你走開！

不要踏進我的地盤！

不好意思，

我路過而已。

哇哩咧

快走開啦！

……

要不這樣吧，

這些留給你當賠罪，

再見。

……

生化人屬於機器還是人類？

▼

生化人可分為兩種，一種是具有人類大腦的機器人，一種是具有人類肉身的機器人。

雖然身體是機器人，

但我擁有大腦啊！

如果按照意識區分，前者算是人類，後者算是機器。

擁有人類肉身，

就是人類嗎？

如果按照生物組織區分，前者算是機器，後者算是人類。未來的人類和機器人似乎沒有明顯的界限。

談天說地

86. 未來會有小行星撞地球嗎？

我們經常會在網路上看到有人聲稱：
"如果世界末日來臨，可能原因會是小行星撞擊地球。"

真的會有這個可能嗎？

美國航太總署 NASA 的專家們提出了這樣的回覆：
未來發生小行星撞擊地球的可能性並非零。

但是請不用擔心，在今後的 100 年中，
目前已知可能具有危險的小行星撞擊地球的機率小於 0.01%。

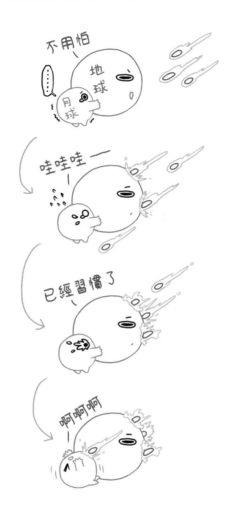

實際上我們的地球無時無刻都在發生 "碰撞"。
例如無害的流星持續墜落地球，但這些小星體在地球大氣層中就會燃燒殆盡，
並不會對地球造成毀滅性的撞擊。

87. 月球真的是地球的唯一衛星嗎？

陪伴著地球的月球，是我們目前所發現的地球的唯一一顆衛星。

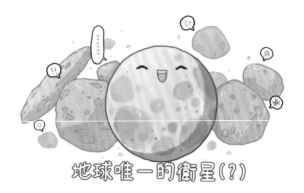

難道地球周圍沒有其他星體了嗎？

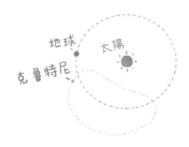

1997 年，科學家留意到一顆小行星軌道性質特異，並且與地球軌道相關。
這顆小行星被稱為克魯特尼，它沿著一條馬蹄形的軌道行進，克魯特尼的
軌道是環繞太陽的橢圓形，但是因為它的軌道週期與地球幾乎一樣，
使它看起來就像"跟隨"著地球一起繞著太陽。

但嚴格來說，它不是地球的第二顆衛星。

相關研究還發現，除了月球外，克魯特尼並不是唯一的近地小行星，
另外還有 5 個近地小行星，它們也和地球類似，
繞太陽運行一圈也差不多要一年的時間，我們可以稱它們為"偽衛星"。

目前，月球的確是地球唯一的衛星。

88. 地球的核心溫度可媲美太陽表面溫度?

地球的結構同其他類地行星相似,是層狀的,
擁有一個富含矽的地殼、一個非常黏稠的地函、
一個液體的外核和一個固體的內核。

地核是地球的核心,地核又分為外核和內核兩部分。
外核的物質為液態,內核則被科學家認為是固態結構。

關於地核的物質構成,學術界有不少爭議,普遍認為主要是由鐵、鎳元素組成。
但究竟還有什麼物質,還有待於進一步探索、證明。

外核的溫度大約從接近地函內側的 4000℃向內增加至接近內核的 6100℃。

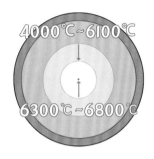

內核的溫度則由交界處的 6300℃遞增至地球中心的 6800℃。

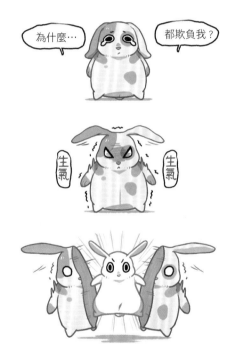

所以，地球的核心溫度比太陽的表面溫度（約 6000℃）還要高。

89. 地球的大氣層到底有多厚？

大氣層雖然看不見，也摸不著，
但是它跟地球上所有的生物都息息相關。

大氣層是包裹著地球一層厚厚的混合氣體，
既然如此就會有一個厚度，那麼地球的大氣層有多厚呢？

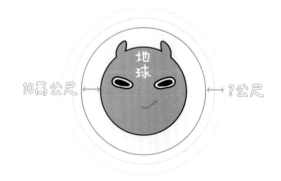

大氣層沒有確切的上限，
但一般認為大氣層的厚度約為 1,000 公里。

大氣層就像地球的"防護罩"一樣，包裹著地球同步運動。但是由於地球自轉和公轉運動的速度太快，所以部分大氣會被地球甩在後面。

被甩遠的部分大氣並沒有脫離地球引力，
於是形成了一片較厚的、高達 63 萬公里的大氣層區域。

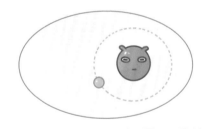

月球在地球的大氣層內運轉

月球距離地球也只有平均 38 萬公里的距離，
若以大氣層最厚的厚度有 63 萬公里來看，
可以說月球其實一直都在地球的大氣層範圍內運轉。

更多冷知識

①實際上在 63 萬公里的高空，空氣的密度每立方公尺平均只有幾百個氣體分子，已經非常接近真空環境了。

②衛星發射升空後，突破 100 公里高的大氣層頂就已經不會受到空氣阻力的摩擦了。

90. 運載火箭有多強？

運載火箭一般屬於一次性使用運載系統，完成任務後，運載火箭被拋棄，
但其技術水準需求高，所以全世界可製造的國家極少。
以國際上運載火箭可靠性設計指標中最高的長征七號為例，
它在外形設計、技術細節上到底有多強？

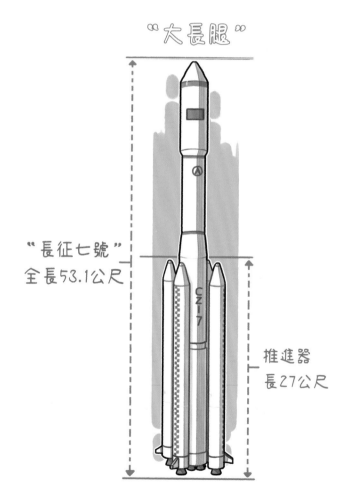

"長征七號" 長 53.1 公尺，有 4 條 "大長腿" 作為助推器。
這 4 條 "腿" 長約 27 公尺，是所有 "長征家族" 運載火箭中最長的。

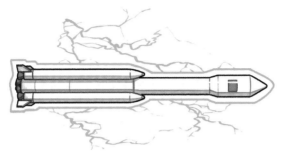

"技術控"

它在設計上擁有更多的獨到技術，
更容易適應高溫、高濕、鹽霧、淺層風及雷電等各種自然環境帶來的挑戰。

"環保主義"

水

二氧化碳

採用的是全液氧煤油燃料，
燃燒後產生的是二氧化碳和水，不會對環境造成污染。

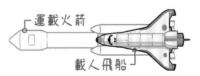

運載火箭

載人飛船

除此之外，因為是按照載人航太標準設計的火箭，
未來成熟以後將成為新一代載人火箭，用於發射載人飛船。

更多冷知識

①現代火箭誕生自羅伯特‧戈達德，其在 1926 年於美國麻塞諸塞州奧本鎮發射了世界第一枚液態燃料火箭。

②重型運載火箭是指具備 2~5 萬公斤近地軌道運載能力的火箭，目前能製造重型運載火箭的有美國、中國、俄羅斯和歐洲。

91. 載人火箭返回地球後，
如何快速找到返回艙？

返回艙又稱座艙，它是太空人的"駕駛室"。
載人火箭任務完成後，太空人會乘坐返回艙從距離地面幾百公里的太空
返回地面。

地面工作人員是如何迅速地確定返回艙的位置呢？

為確保太空人搜救隊及時搜索到返回地面的返回艙，
除了在火箭返回航跡上佈設一定數量的雷達，追蹤測量返回艙軌道並預報
落點位置外，返回艙上還配有自動標示自身位置的著陸定點設備。

除了雷達定位，返回艙還有因應特定情況的裝備。

如果返回艙在夜裡降落，
為方便在夜間尋找，返回艙的側面位置裝有閃光燈，
直升機能依此裝置在夜間發現距離 3 ～ 5 公里遠的返回艙。

裝有染色劑

為引導飛機和救援船搜索返回艙，在返回艙底部安裝有海水染色劑，
當返回艙落在水面上時，染色劑便會緩慢釋放，
將附近水面染成亮綠色，染色持續時間可達 4 小時。

更多冷知識

①與火箭的其他載人艙段一樣，返回艙有很高的密封性。但與軌道艙不同的是，返回艙在高溫、高壓作用下仍需保持氣密性。

②氣流千變萬化，這將使高速飛行的返回艙難以維持固定的姿態，因此必須將返回艙做成不倒翁的形狀，底大頭小，不怕氣流的擾動。

92. 為什麼要登陸火星？

1965 年，美國"水手 4 號"探測器掠過火星，成為第一個傳回數據的探測器。

1971 年，蘇聯"火星 3 號"成為第一個抵達的探測器，但在發出信號後即失聯。

1976 年，美國"海盜 1 號"成功著陸，成為第一個傳回照片的探測器。

最近的這一次則是 2021 年，中國"天問一號"的探測車祝融號也登陸火星。

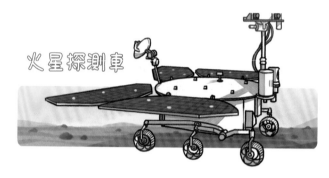

火星探測車

2020 年 7 月 23 日，"長征五號"大型運載火箭成功發射"天問一號"。

探測器進入預定軌道飛往火星。

探測器構造圖

經過 7 個月到達火星附近，

2021 年 5 月 15 日在火星南部登陸。

為什麼要登陸火星呢？

一個原因是，隨著人類觀測和探測技術的發展，
火星的神秘面紗被慢慢揭開，人類對火星的過去和未來越來越好奇。
這種好奇心就是驅使我們進行火星探測的動力來源。

另一個原因是，我們想知道火星上是否（曾經）存在生命。
因為大量跡象顯示，火星以前很可能與目前的地球一樣，那火星也可能是
地球的未來，因此就是帶著這個使命奔向火星的。

更多冷知識

①從 1964 年 "水手 4 號" 火星探測器發射後，
在 50 多年的時間裡，人類已先後對火星展開了
大約 50 次探測。

②"天問" 的命名源於於詩人屈原長詩《天問》，
寓意探求科學真理征途漫漫，追求科技不斷創
新永無止境。

93. 一艘名叫斥候星的 "外星飛船" ？

2017 年 10 月 18 日，天文學家在望遠鏡中意外地發現一個異常天體，
該天體呈細長的雪茄狀，長度約 400 米，寬度約 40 米，
外表呈暗紅色，被命名為斥候星。

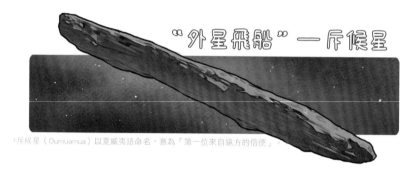

"外星飛船" —— 斥候星

*斥候星（Oumuamua）以夏威夷語命名，意為「第一位來自遠方的信使」

斥候星的奇特之處在於其形狀，
太陽系內沒有任何一顆小行星或者彗星像斥候星那樣呈雪茄狀。
其次是斥候星的顏色偏紅，這說明它可能是岩質或者擁有金屬外殼。

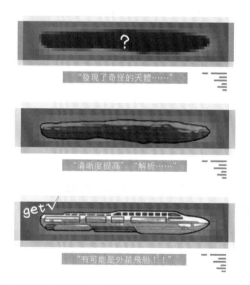

"發現了奇怪的天體……"

"清晰度提高" "解析……"

get √
"有可能是外星飛船！！"

斥候星是人類已知的第一個闖入太陽系的星際訪客。觀測結果得知，
斥候星的軌道和預測值存在明顯偏差，說明存在一個非引力加速度。
種種跡象都讓科學家認為斥候星很可能是一艘外星飛船。

不過，經過兩年多的研究，
科學家發現斥候星其實是一座由氫分子構成的"冰山"。
那麼，它到底是從哪裡來的呢？

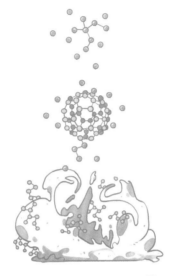

形成巨大的分子雲

氫是宇宙中豐度最高的元素，在遠離恆星的宇宙中，空間溫度接近
絕對零度，此時分子氫將被凍結，形成巨大的分子雲結構。

斥候星

當分子雲中的天體受到周圍恆星的引力干擾時，
就有可能脫離分子雲，進而進入到某個行星系當中。
斥候星很可能就是來自於星際空間中的某個巨大分子雲。

94.外星生物可能是什麼樣子？

如果真的發現了外星生物，它們可能會是什麼樣子？
試想一下外星生物存活在四種環境中，
不同的環境會孕育出怎樣不同形態的生命。

類地行星

由於類地行星在重力、氣候以及生態環境上都與地球相似，
生活在這種行星上的陸行生物也應該與地球生物非常相似。

液態行星

像木衛二那樣的液態行星上可能有類似章魚的生物，
存活在冰層底下的深海區，牠們也許有類似地球深海生物的特性，
比如身體能發出冷光，或者依靠"深海熱泉"創造出的食物鏈生活。

氣態行星

像土星和木星屬於充滿氫氣和氦氣的氣態行星，如果上面存在生物，
可能會是氣球或水母狀的巨型浮游生物，
像熱氣球那樣漂浮在大氣中，以吸收閃電的能量為生。

漫游星際

除了在各個星球上土生土長的生物外，
宇宙間也可能存在居無定所的高等外星文明。
它們成群結隊地游離在星球與星球之間，採伐、吸取或掠奪資源。

這種外星文明很可能是機械物種，因為機械物種更適合在宇宙中生存，
即使進行數千年的宇宙旅行也不會衰老。

①史蒂芬·霍金相信，即使在平均溫度比零下150℃還低溫的星球上也有可能存在生命體。

②有物理學家認為，外星人可能已經處於半人半機械狀態，除了意識外所有的器官都用機械取代，這種狀態或許也是未來人類進化的方向之一。

95. 除了地球外，還有哪些
人類宜居的星球？

近年來，科學家們發現了很多星球，在理論上和現實條件都極可能
適宜生命生存，以下是可能性較大的宜居星球：

克卜勒-186f

克卜勒-186f 體積是地球的 1.1 倍，其地表有可能存在大氣和水，
這顆行星的軸傾角也跟地球很相似，可能擁有跟地球一樣四季分明的氣候。

葛利斯-581g

葛利斯-581g 的直徑約為地球的 1.2 倍至 1.4 倍，公轉週期為 37 個地球日。
它沒有日夜變化，星球的一面是永晝，另一面是永夜。它的質量比地球大，
有足夠的重力擁有大氣層，也很可能存在液態水甚至海洋。

克卜勒 - 62f 與地球相似指數達 0.69，比火星（0.66）還高。
它擁有穩定的氣候變化，並且部分表面被海洋覆蓋。
或許在它的海洋裡早已誕生了生命。

克卜勒-22b

克卜勒 - 22b 的半徑是地球的 2.4 倍，一年有 290 天，表面平均溫度是 21℃。
如此良好並且適宜居住的環境，使它成為人類移居的目標星球之一。
但它距離地球 600 光年，人類要想到達那裡，真的很困難。

火星

對比那些系外行星，距離地球最近的火星仍是人類移居的第一首選。
目前 NASA 計畫在 2037 年之前將派遣太空人登陸火星。

更多冷知識

①科學家從沒停止過尋找宜居星球，但至今只發現了十幾顆可能擁有潛在宜居環境的系外行星。

②最新的研究發現，宇宙中可能存在數量驚人的宜居行星，光是銀河系可能就擁有多達 600 億顆以上。

96. 木星可以代替太陽成為
太陽系的恆星嗎？

木星是太陽系八大行星中體積最大、自轉最快的行星。

它的質量為太陽的千分之一，但已經是太陽系中其他七大行星質量總和的 2.5 倍。

假如有一天太陽"消失"了，

木星可以代替太陽成為太陽系的第二顆恆星嗎？

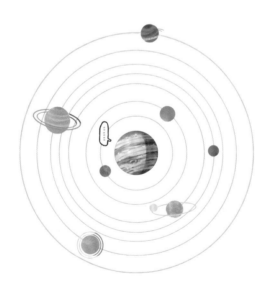

雖然木星的成分與恆星非常相似，但想要成為一顆恆星發光發熱，

木星的質量還是太低了。

根據理論以及現實中觀測到的情況，
想成為一顆恆星，質量最少必須為太陽的 8%，或相當於木星質量的 80 倍。

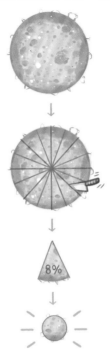

也就是說，想讓木星成為一顆恆星，要使其質量增加到原來的 80 倍，
它的核心才有條件點燃內部的氫核聚變，成為紅矮星。

所以，除非使用人為的方式為木星注入質量，
或者木星不斷吞噬附近的小行星來達到 80 倍的質量，
否則，木星永遠無法成為一顆恆星。

更多冷知識

①作為太陽系最大的一顆行星，木星的體積大概是地球的一千三百多倍。就是因為它又大又亮，兩千年前就已經被人們發現了。

②木星有吞噬附近小行星的能力，這也是它體型巨大的原因。它曾吞噬過一個相當於地球 10 倍大小的行星。

97. 能夠 "青春永駐" 的恆星——
藍離散星

我們的銀河系存在著一種特別的恆星——"藍離散星"，
它們通常會在密集的星團中形成，其中大部分是銀河系內最古老的恆星。

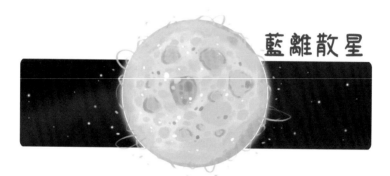

藍離散星

在周圍逐漸衰老的恆星群中，藍離散星看起來卻比其他恆星更亮、更年輕，
這異常年輕的外貌始終讓天文學家感到不解和好奇。

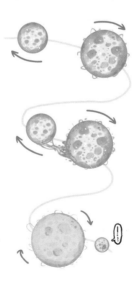

後來，天文學家們終於發現，這些恆星之所以會 "青春永駐"，
是因為它們會以鄰近的恆星為食，吸取它們的質量，進而讓壽命延長。

觀測後發現，藍離散星會不斷吸取鄰近星體的氫燃料，
被它吸食的星體會逐漸走向衰老，而它本身卻會"返老還童"。

它們在面對質量稍微小一點的恆星的時候，
甚至會直接吞噬這個"年輕"的恆星進而獲取大量的"燃料"。
因此藍離散星也被天文學家稱為"吸血鬼"恆星。

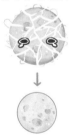

最終會塌縮成
亮度暗淡的白矮星

當然，一旦恆星在壽命的最終階段都沒有找到"年輕"的恆星吸食，
它們還是會"壽終正寢"的。

98. 40 億年後，銀河系將和
仙女座星系相撞？

仙女座星系直徑 16 萬光年，距離我們有 254 萬光年，
是距離銀河系最近的星系。

仙女座星系

因為仙女座星系目前以每秒 120 公里的速度向銀河系靠近，
兩者預計將會在 40 億年後碰撞在一起並融合成更大的星系。

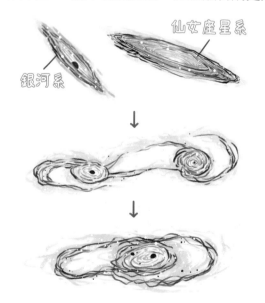

科學家根據資料模擬說明，太陽會被帶到仙女座星系的中心附近，
進而靠近其中一個黑洞。
如此一來太陽將被黑洞的巨大引力撕裂，其中一部分也將被吸入黑洞。

但是，這一切對於地球人來說或許已經不重要了，
因為 40 億年後的太陽會到達紅巨星階段。

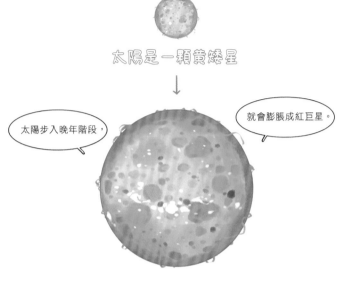

太陽是一顆黃矮星

太陽步入晚年階段，

就會膨脹成紅巨星。

膨脹成巨大的紅巨星階段

再次塌縮成
低亮度、高密度的白矮星

膨脹成紅巨星階段的太陽，溫度會急劇上升，
地球上所有的生物都無法存活。
人類如果在那時候依然存在，必定早已移民到其他星系，
或者踏上了"流浪地球"的旅途了。

更多冷知識

①但科學家並不確定是否一定會發生碰撞，兩
個星系也可能剛好錯過，這取決於仙女座星系
未來的橫向速度。

②太陽成為紅巨星後依舊可以發光，膨脹到一
定程度，太陽就會只剩下一個密度極大的內核，
那就是白矮星。

99. 宇宙中會存在天然的蟲洞嗎？

蟲洞（wormhole）又稱愛因斯坦 - 羅森橋，
是宇宙中可能存在的連接兩個不同時空的狹窄隧道。

愛因斯坦-羅森橋

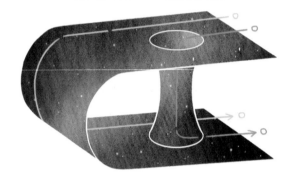

愛因斯坦認為透過蟲洞可以做到空間轉移或時間旅行，
這也是目前為止人類能夠想到的星際旅行的方法之一。

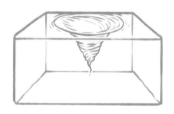

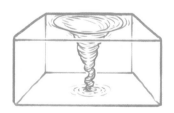

蟲洞像是宇宙中的漩渦，這些時空漩渦是由星體旋轉和引力作用共同形成。
就像漩渦能夠讓局部水面跟水底離得更近，
蟲洞能夠讓兩個相對距離很遠的局部空間瞬間離得很近。

科學家認為蟲洞極其不穩定，難以維持，
需要一種帶有負能量的奇異物質讓蟲洞保持開啟狀態，
否則，開啟的蟲洞也會瞬間閉合。

奇異物質維持蟲洞的開啟

而維持一個蟲洞開啟所需要的奇異物質的量是難以想像的，
宇宙中並不存在那麼巨量的奇異物質。
如果存在蟲洞，那麼它很可能是高等智慧文明所掌握的技術。

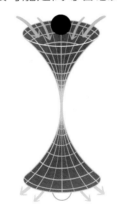

而自然存在的蟲洞只可能是透過黑洞強大的引力作用而產生的。
這樣的蟲洞連接著黑洞和白洞，物質會在黑洞的奇點處被瓦解成基本粒子，
然後透過蟲洞隧道傳送到白洞，並且被輻射出去。

更多冷知識

①蟲洞的概念持續在科幻界幾十年的時間，幾乎所有著名的科幻作品都涉及空間飛行、蟲洞或時間旅行等等。

②蟲洞的開放需要巨大的負能量來源，其總量幾乎相當於一顆普通恆星在一年中釋放出的全部能量。

100. 如果人類掉進黑洞裡會發生什麼事？

試著想像自己在太空中漂浮著，周圍安靜得只能感受到自己的心跳聲，
突然你感覺到一股牽引力，一開始是微弱的，慢慢變得越來越強。

當你想要知道到底是什麼牽引著自己時，
你可能已經被黑洞的引力"捕獲"了。

黑洞不是一個"洞"
它是密度極高的星體，存在巨大的引力，連光都無法逃脫。

但黑洞的本體是沒有具體形狀的

剛開始被黑洞吸引住的時候，你不會有什麼感覺，
但是黑洞的超強引力會導致周圍時間流逝的速度大幅度減緩，
在遠處的觀察者看你掉進黑洞的過程，就像看慢動作一樣。

一旦你來到了黑洞邊界，想要逃離，你需要跑得比光速還要快，
然而，那是不可能的事⋯⋯

當你開始接近黑洞那巨大的引力場（大概距離黑洞中心 80 萬公里），
你就會感受到可怕的 "黑洞潮汐力"。

黑洞潮汐力會把你的身體撕裂成原子鏈的形式（也稱為 "義大利麵條化"），
吸入奇點（黑洞的中心）處壓碎，最終與黑洞融為一體。

更多冷知識

①天文學家們認為黑洞的內部很可能有一個體積無限小、密度無限大的奇點。整個黑洞只有它才是黑洞真正的實體。

②白洞是廣義相對論預言的一種與黑洞相反的特殊天體，像一個噴泉，物質不能落到白洞裡面去，只會不斷向外噴射物質或能量。

地球上的動物為何都是四條腿？

▼

當地球上的生物進化成"魚"的時候，胸鰭進化成前肢，臀鰭進化成後肢，所以脊椎動物基本上都是四條腿。

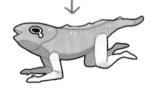

另外地球上的生物，體內基因原本就是遵循對稱性原則發展的。

畢竟，三條腿的動物走起路來很不方便呀。

飛魚的願望

想飛上天！

讓我幫你實現願望吧！

真的嗎？

願望，

實現了！

會被吃掉嗎？

一顆恆星的演化

原恆星階段

原恆星是恆星演化過程中處於初生期階段的天體。

主序星階段

恆星在這一階段停留的時間占整個壽命的90%以上，是一顆恆星的青壯年時期。我們的太陽正處於主序星階段。

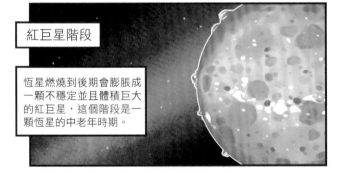

紅巨星階段

恆星燃燒到後期會膨脹成一顆不穩定並且體積巨大的紅巨星，這個階段是一顆恆星的中老年時期。

白矮星階段

白矮星是恆星演化到末期的狀態。白矮星主要由碳構成，外部覆蓋一層氫氣與氦氣。它體積小、亮度低，但密度高、質量大。

小劇場10

恆星邁向冷卻的三個終點

▼

當一顆恆星的"燃料"燒盡以後，到了最後的塌縮階段，恆星通常是以三種冷卻狀態告終：白矮星、中子星和黑洞。

質量較小恆星的終點是 ——

白矮星

部分恆星會拋掉自己的一部分質量，變成白矮星。

中子星

黑洞

質量更大的恆星最終將透過星核的引力塌縮而變成中子星或黑洞。

漫畫科普冷知識王 3：世界其實很精采，生活就要這麼嗨！

作　　者：鋤　見
企劃編輯：王建賀
文字編輯：江雅鈴
設計裝幀：張寶莉
發 行 人：廖文良

發 行 所：碁峰資訊股份有限公司
地　　址：台北市南港區三重路 66 號 7 樓之 6
電　　話：(02)2788-2408
傳　　真：(02)8192-4433
網　　站：www.gotop.com.tw
書　　號：ACV043400
版　　次：2021 年 10 月初版
　　　　　2023 年 12 月初版十一刷
建議售價：NT$350

國家圖書館出版品預行編目資料

漫畫科普冷知識王.3：世界其實很精采，生活就要這麼嗨！/ 鋤
見原著. -- 初版. -- 臺北市：碁峰資訊, 2021.10
　　面；　公分
　　ISBN 978-986-502-930-2(平裝)
　　1.科學　2.通俗作品
300　　　　　　　　　　　　　　　　　　110013293